记忆训练

刻意练习让你过目不忘

宁梓亦 · 著

中国纺织出版社有限公司

内 容 提 要

继《记忆宫殿：一本书快速提升记忆力》之后，宁梓亦又献出了在记忆培训行业磨炼多年后得到的心得。

宁梓亦是记忆术教学方面的专家，十年来帮助无数的学生提升了学习分数，真正学会了学习、爱上了学习。在这本书中，他分析了艾宾浩斯遗忘曲线、费曼学习法、记忆宫殿的实际运用方法，从记忆和学习的原理出发，揭开学习能力差异的两个奥秘，展示高效记忆的四个原则，讲述高效复习的方法。这本书扎根实际，又立意深远，不仅要教会你记忆法，更要帮助你抛弃错误、过时的学习习惯。

图书在版编目（CIP）数据

记忆训练：刻意练习让你过目不忘 ／ 宁梓亦著.--北京：中国纺织出版社有限公司，2022.6（2024.5 重印）
ISBN 978-7-5180-9446-2

Ⅰ．①记…　Ⅱ．①宁…　Ⅲ．①记忆术　Ⅳ.
①B842.3

中国版本图书馆CIP数据核字（2022）第050767号

责任编辑：郝珊珊　　责任校对：高　涵　　责任印制：储志伟

中国纺织出版社有限公司出版发行
地址：北京市朝阳区百子湾东里A407号楼　邮政编码：100124
销售电话：010—67004422　传真：010—87155801
http://www.c-textilep.com
中国纺织出版社天猫旗舰店
官方微博 http://weibo.com/2119887771
唐山玺诚印务有限公司印刷　　各地新华书店经销
2022年6月第1版　　2024年5月第5次印刷
开本：710×1000　1/16　印张：10.5
字数：172千字　定价：49.80元

前　言

P R E F A C E

记忆宫殿已存在于世界几千年了，西方世界很多名人都会使用记忆宫殿，如：西塞罗、培根、昆体良、利玛窦、布鲁诺、莱布尼兹、马克·吐温、卡耐基、福斯特。一些欧洲有名的哲学家，如：苏格拉底、亚里士多德、柏拉图都是长期研习记忆技巧的高手。很多欧洲的名人把记忆宫殿的技巧隐藏起来度过一生，自己却在学习过程中广泛受益。

很荣幸我的第一本关于记忆宫殿的书《记忆宫殿：一本书快速提升记忆力》成为记忆类的畅销书，并获得了国家部委级优秀出版物一等奖。

在这里感谢出版社和读者对我的书的支持，让我有动力写下第二本关于实用型记忆力提升的书籍。这本书会将会更加深入地让大家了解世上最强大的记忆方法——记忆宫殿如何应用在学习上。

我是一个完美主义者，这本书出版前已经被我陆续修改了两年，因为我希望这本书能做到内容专业、严谨、实用。

看完这本书并长期实践的人，是学习和记忆道路上的幸运儿，因为你用很小的代价就拥有了一本浓缩了我11年的记忆实践经验的书籍，为你的学习保驾护航。

我相信很多读者之前都在市面上买过记忆力提升的书籍，这些书中会教大家一些常见的简单信息的记忆方法，例如，教大家记忆孙子兵法36计，或者背一些数字编码，然后再用它们快速记忆一些数字。看完这类记忆书籍以后，很多读者应该都感觉到了一件事，就是这些方法无法应用在实际的学习中。在本书中，我会揭开出现这种情况的原因。

这本书包含了我真正深入海量记忆实践后提炼出来的认知、思维方式、实践技巧、操作经验，总结了近3000人的记忆培训经验，真正做到以人为本地讲解实战记忆，让读者学到知行合一的记忆技巧。在本书中，我会插入在记忆培训过程中学生给我提供的大量随机考试、考证材料作为案例，在操作案例的同时，我会写下我的实操思路供大家学习，你们可以通过模仿来进行自我训练。

目 录

CONTENTS

063

第四章　世上最强大的记忆系统——记忆宫殿

075

第五章　记忆宫殿的基本功

113

第六章　如何高效复习

123

第七章　如何使用费曼学习法

133

第八章　如何记忆数据

139
第九章 英语单词记忆

147
第十章 十年总结的科学记忆观

157
后记

第一章

记忆为什么决定了你的考试成绩

CHAPTER 1

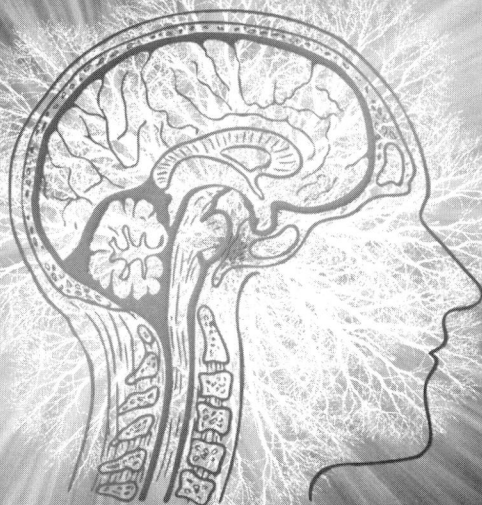

第一节
记忆力和学习的关系

———————

记忆力对于学习重要吗？记忆力和学习的关系是怎样的呢？

这一节我们来揭开这个问题的答案。很多年来，在很多人心里，这两个问题都没有比较明确的答案，我希望通过大量的记忆和学习的实践，结合前人的宝贵经验给读者一个比较清晰的答案。

经过对很多学生（关于记忆和学习认知关系）的询问，我了解到：很多学生对于记忆力和学习的认知是不正确的，他们对记忆力和学习的关系认知有误，这导致他们的学习行为不合理，从而无法在学习上获得好的突破和进步。

如何判断学生是否掌握了学习过的知识或者技能呢？一个人是否掌握了知识，通过肉眼是很难观察的，无从判断。在这种情况下，通过考试和实践来判定一个学生是否掌握知识或技能就十分必要了。如果学生的考试成绩不理想，或者实践的过程卡壳严重，那么教学者就会判定学生的头脑中没有相关的知识和技能，同时，没法获得理想成绩或无法解决实际问题的学生就会被贴上"差生"的标签。

如果要以考试或实践来判定一个人是否掌握了知识，那么我们必须明白一件事情：考试或实践到底需要什么？

在《思考的快与慢》（作者：丹尼尔·卡尼曼，2002年度的诺贝尔经济学奖获得者）和《为什么学生不喜欢上学》（作者：丹尼尔·T.威林厄姆，美国弗吉尼亚大学心理学教授）两本书中都提到过类似的观点：人的大脑有两套决策系统。

第一套决策速度非常快，我们可以称之为：记忆系统（主要依赖情感、记忆和经验迅速做出判断，它见闻广博，使我们能够迅速对眼前的情况做出反应，大脑意识参与少）。

第二套决策速度非常慢，我们可以称之为：思考系统（通过调动注意力来分析和解决问题，并做出决定，它比较慢）。

记忆系统负责快速思考，即直觉思维，包括感觉和记忆等所有无意识的大脑活动。思考系统则负责慢思考，它更慢、更严谨、需要投入更多脑力。记忆系统和思考系统之间的互相配合构成了我们日常生活和学习的思维模式。

这种分工方式是高效的，但同样存在隐患。由于记忆大量重复，我们会在类似的情况下做出同样的选择，但是类似的情况并不总是能正确反映现实，如果思考系统错误地接受了记忆系统带来的认知错觉，就很难避免做出错误的决策。而正因为记忆系统是无意识的，由此产生的认知和行为偏差，才难以自我察觉。记忆系统可以帮助我们高效地解决类似的问题，同样也会因为思维惯性让我们做出错误的决策。思考系统需要极强的自我控制和脑力、精力，我们在大多数情况下，会偏向更轻松的惰性思维，即做出记忆系统运作下的即兴判断。也就是说，大多数情况下，人是非理性的。

在《为什么学生不喜欢上学》这本书中，丹尼尔·T.威林厄姆反复提到这样的一个观点：大脑本质上不擅长思考，当大脑需要靠思考系统做决策去解决问题时，它是比较缓慢、费力且容易出错的，而当人在学习一个新知识的时候，他必须经历思考这个过程，这个思考的过程对于学生的大脑而言是比较辛苦、费力的。

为了让学生更好地接受知识，丹尼尔·T.威林厄姆在教授学生知识的过程中插入了各种有趣的背景故事，结果还是事与愿违，学生们大多只记住了他讲的有趣的故事，对于知识的思考和吸收非常有限。学生在学习过程中本能地回避让自己大脑觉得辛苦、费力的思考。

心理学家的这些实验结果和观点跟我培训近3000个学生的实践经验不谋而合；当学生需要靠思考系统去做决策解决一个问题或学一个新知识时，这个过程是一种思维和认知的攻坚，它让人绞尽脑汁，通过思考来解决一个新问题，就像一个费力研发的过程，这个过程缓慢又易出错，容易导致学生对于学习的挫败感。它会让很多普通的学生不喜欢学习。学霸对这种挫败感的承受能力相对更好，但本质上他们学习新知识也仍是一个思维攻坚的过程。当学生度过对于知识最初的思考攻坚期，由于反复学习、练习同一个知识，这个知识就会进入记忆系统，这时候知识的应用就变得没那么痛苦了。有比较好的学习品质的学生，在学习的过程中，不会因为最初的不愉快体验而懈怠和自我攻击，因此学习品质从很大程度上决定了学生的考试成绩，因为它能帮助学生更好地渡过学习最初的负面反馈阶段。

有一天，我在家中装一个户外篱笆。我看完篱笆的安装视频后，觉得非常简单，于是自信满满地安装了起来，可是把很多螺丝都装反了，结果就是不断拆下来重装，很多的螺丝孔被我用手枪钻打大了。后来，我又把篱笆门的活页装反了……一顿操作下来，很多木板上都有大量失败操作的痕迹，惨不忍睹。篱笆左边的部分因为错误太多、不断返工，一共花了 2 个半小时才装好，但篱笆右边的部分，我只花了不到 30 分钟就搞定了，效率足足高出了 4 倍，而且木板上几乎没有一个错误操作留下的破洞。这是因为我先安装的是左边的篱笆，此时只能依赖思考系统去解决问题，而安装右边篱笆时，我已经开始依赖记忆系统了。人们重复解决同样的问题次数越多，他们的效率就会因为记忆储备增加而变高（规避思考系统带来的错误和缓慢），这件事包含着人类高效学习的奥秘。

这个奥秘就是：我们解决问题的过程中，主要依赖记忆系统，同时需要思考系统来对记忆系统做一个微调；当我们学习新知识时，由于完全依赖思考系统去进行思维攻坚，所以效率很低。但只要两种系统协调得好，我们就能高效地解决问题。

学习好一个知识的重要前提条件是：不要太在意学习带来的负面体验和挫败感。花更多的时间重复学习同一个知识，从而让它更快地进入记忆系统。

我们学习的知识大多具有逻辑连续性，它会呈现一种递进关系，不同的知识组合在一起也会产生很多的变化。知识组合后，考点就会变得多样化，如果没有足够的记忆储备，靠临时的思考很难解决问题。

当我们无法理解和记住一个复杂知识的前置知识时（复杂的知识是由很多前置知识递进得到的），即使继续多看几遍，还是会很难理解这个复杂的知识。换句话说，很多学生无法学好一个知识的根源在于：他们对该知识的前置知识的理解和记忆储备不够。很多学生之所以成绩差，是因为他们对于学习内容的掌握程度不足，而非学习方法的问题。

很多学生的学习出了问题后，首先考虑的大多是自己的学习方法不对，或者认为自己没有学习这门功课的天赋，这些有可能是错误的归因，而这种错误归因的结果是：他们很难意识到知识的记忆储备对于学习后续知识的重要性。再加上一些盲目推崇学习方法重要性的名人误导，很多学生无法重视这种朴实的学习观念：学习成绩不好和学习内容的掌握有极大的关系。

心理学家曾做过这样一个实验：他们认为学生的成绩不好，主要因为老师的水平不行，于是他们让数学家来教孩子们数学，可是孩子们的成绩还是和原来一样不及格（换了更厉害的老师也没有进步）。后来，心理学家决定让这些孩子们从最基础、最简单的知识重新学起，由浅入深地学习，当这些孩子获得进步，哪怕极其微小时，就立即夸奖他们。这些孩子的学习体验从负面变成了正面。在心理学家调整教学策略之后，大部分学生的学习成绩大幅上升。之前学生在学习数学受挫后，进行自我攻击，例如，我不是学数学的料，我没有数学脑子等，即使让数学家来教他们，也作用甚微，因为在无法掌握基本知识的情况下，他们无法习得更高层级的知识，从而无法获得正向的心理激励。

心理研究表明：当人遇到挫败后，如果不断自我攻击和被他人贬低，他的潜能就像煤气罐的阀门，这个阀门被很大程度扭紧了，煤气灶能出来的火苗就很弱。这个火苗就好比学生的学习能力，当学生在学习时，那些负面的自我攻击和他人的负面评价如果不断浮现在他的脑海里，他们的注意力就很难集中在所学的知识上。例如，一个自信满满的人学习时注意力集中程度是90%，而一个给自己贴满负面标签的学生的注意力集中程度可能就只剩下不到50%了，而且畏难情绪会让他们抄同学的作业，尽一切可能地逃避那些令他们不舒适的学习科目。这样的结果就是差者越差，陷入了无尽折磨的负循环。

写下这个心理实验，是希望那些学习成绩不好的学生能够认清楚客观现实，找到问题的正确解决办法，同时不要再被这种自我攻击的思维方式束缚学习潜能。

人的记忆储备是人理解新知识的基石，而人的思考活动是和记忆捆绑的，所以当我们希望学好一门学科，我们必须要重视对于基础知识的理解和记忆。没有理解的记忆是无用的，没有记忆的理解是空洞的。学习是一种内容决定形式（学习方法）的东西，不存在能解决一切问题的万能学习方法，我们需要根据不同的学习内容和对内容的掌握程度随机应变。一个人对学习内容的掌握程度有严重缺陷，只渴望靠神奇的学习方法来逆天改命，这是本末倒置的。

为了让我的学生认清楚大脑的本质——不擅长思考，在带他们做记忆能力训练时，我都会随机出一些需要思考的题目，如果只凭借思考来回答我的问题，反应速度就会很慢。

比如，脑筋急转弯：什么东西是圆的，我们却叫它方什么？

有个学生思考了5分钟后，才恍然大悟：方向盘。即便并不是很难的脑筋急转弯问题，光靠思考想出来也很慢。

学习的满足感往往产生于学习的后期，当你能更大程度用记忆系统去解决问题时，你会得到更多的自我认同、外界的赞美和成就感。

我来总结一下学习和记忆关系：大脑学习知识是一个积累长期记忆的过程。通过不断重复，让知识从思考系统进入记忆系统（长期记忆），以记忆系统运作为主+思考系统为辅的方式去解决问题，如此才能提高反应速度，减少错误率。

书写到这里，肯定有读者反驳说：你在提倡题海战术吗？

这并不是我的真实目的，我的目的主要在于帮大家客观看待学习和考试。有一个衡水中学的学生把他的暑假作业拿出来展示，那是近一本书厚度的各科目试卷。我想如果世上真的存在非常厉害的方法，可以让每一个学生通过思考认知知识、总结规律就毫不费力考上名校，我相信衡水中学是肯定不会让学生做那么多题目的。争分夺秒地背书和做题，我认为这本质是通过大量训练让更多的知识进入长期记忆。大量的重复训练是让大多数普通人能拿到好成绩的必然选择。当我们过分重视学习方法的重要性，而不重视对于学习内容的大量训练，甚至盲目地攻击做题的学生都是"小镇做题家"，这明显是以偏概全的。

我们身边有没有只靠思考系统解决问题的天才呢？我确实遇到过接受新知识很快的天才，但他们也只是掌握新知识更快、犯错更少，将知识从思考系统转移到记忆系统的速度更快，并不是只依赖思考+总结就能学好一门课程。

在培训学生过程中，我常常提到一个逻辑，我给它取名为：舌头舔下巴。我问学生们：你们谁能用舌头舔下巴，他们回答基本一致：做不到。可我的确见过能用舌头舔下巴的人，但是这种人太稀有了。对于那些总希望用极端个例去认知世界的读者，客观的观点本身就是他们所厌恶的。而那些极端化、简单化、急功近利的结论、观点、方法论更利于大众传播。

题海战术的本质是让更多的解题思路进入记忆系统，可问题的关键是：很多差生只喜欢做自己擅长的题目，遇到自己不会的题目或者困难的问题，他们本能地回避，但困难就像一座山，不会因为回避和退缩而消失。

如果把学习的题目看成简单的部分和困难的部分，只有迎难而上，攻克难关，再加上大量重复，让困难部分进入记忆系统，才能达到真正意义上的高效率地学习。学习本身就是爬坡，需要迎难而上，好的学习品质永远是第一位的。

大多数人会把失败和错误看成自己的耻辱，避而远之，而高效率的人会把自己的失败和错误看成自己学习过程中营养价值最大的部分，因为大部分情况下，我们不会在擅长的知识点上犯错，而不犯错的地方也不是你能获得重大进步的地方。这种思维方式能让一个人更好地积累长时记忆，扩大记忆系统解决问题的舒适区，舒适区越大，未知的学习区和恐惧区也就越小。可是人的天性是回避困难，遇到让自己挫败、失败的事，就尽量不去触碰它，因为只要不做或者做得少，就不会得到负面的体验；对于自己获得夸赞的地方，会投入更多的精力去强化。这就是为什么我们经常听人说：学习是一种违背大多数人本性的事。

第二节
学习的骗局

————

在学习的过程中，存在一个很大的骗局：找到知识的规律、认清事物的底层逻辑、理解透彻知识是学习中最重要的。这种观点看上去很高大上，也经常被网络名人挂在嘴边，但当你深入学习实践之后，就会发现它可能有很大的问题。

某网络名人说：当我们看到一个现象 A，由现象 A 或大量的例子总结出一个对应该现象的规律 B，而这个规律 B 如果可以迁移套用到所有类似的情况，那么掌握规律 B 的人就可以轻松学会一个东西，所以学习的本质就是找到问题和答案的规律。学习不是记忆，学习绝对不是死记硬背。

这就是我说的极端化、简单化利于传播的观点，这种观点能在极短的时间内俘获认知层次较低人群的心。

我遇到过很多相信这种观点的孩子。他们因为盲目崇拜一些网络名人的头衔，从而忽略了思考这种观点是否符合学习的客观实际，而盲从的结果就是：他们把所有的学习精力集中在总结规律、弄清楚知识的内在逻辑上，他们认为这些是学习中最重要的。他们并不重视反反复复地训练、记忆、重复学习的过程，因此他们常常在考试中栽跟头。有一些学生给我发私信，他们虽然认可我朴实的观点，却不明白为什么那样做没办法把学习弄好，为什么花了这么多时间总结规律、剖析内在逻辑，却没多大用。

我是这样给这些孩子解释的：网络名人在强调找到规律并且迁移规律对于学习的重要性时，举的往往是一些以偏概全的例子：比如，你把加法等式的规律总结出来：个位加个位，十位加十位，进位添一。只要你掌握了加法等式的规律，就可以迁移到任何加法的运算中，一下子你就能学会所有的加法情况。不聪明的学生马上会觉得：哇，好厉害！学习就是找到规律，规律是学习中最重要的部分，这种错误的认知就应运而生。

知识从规律角度大致分两类：

一类知识的规律单一，只有一种变化，类似刚才的加法等式，它的变化就永远定格在"个位＋个位，十位＋十位，进位添一"，只要你掌握了这个规律，就可以迁移到所有的加法情况，因为这种规律涉及的思考很少，只需要掌握加法等式，再知道十位数以内数字相加减涉及的变化就可以了，这里的变化非常少，所以掌握规律就可以迁移到所有情况。

另一类知识的规律则包含无数种变化。当我们学习的知识属于这一类时，如果没有对于该规律处于应用环境下大量变化的记忆储备，应用时你会发现思考缓慢且极易出错。

举一个记忆术中的例子：

人的记忆模式中图像记忆是最深刻、牢固的，因此很多记忆高手会通过一个转化规律进行记忆：从音、形、意三个维度将一个抽象词汇转化成为具象词（《最强大脑》中的各种记忆表演皆是如此）。抽象词被转化成具象词后，记忆效率就会大幅提高。抽象词转化举例：并列=双杠（通过逻辑含义将抽象转换成图像），并列=筷子（通过逻辑含义将抽象转换成图像），并列=火车铁轨

（通过逻辑含义将抽象转换成图像），高雅=高压锅（通过谐音将抽象转换成图像），高雅=牙膏（通过谐音将抽象转换成图像），高雅=高压电线（通过谐音将抽象转换成图像）。

当你经历过大量的记忆转化训练后，你会发现不论是逻辑含义维度，还是发音维度，将抽象词转化成具象词的可能性都有无数种，例如，集体=全家福照片，集体=大力神杯（足球中的集体荣誉），集体=拔河运动（集体比赛运动）。

音、义、形每一个转化规律都包含无限的变化，在这种情况下，规律只解决了你解决问题的思维框架和起点，绝不是你解决问题的能力形成的终点，而且抽象转具象在规律只有 3 个的情况下，光是词汇涉及转化变化有几十万种，句子的转化变化数以亿计，如果依赖 3 个转化规律，不做记忆训练储备相应的变化，在真实记忆信息的时候靠临时思考，速度极慢，最终只能放弃。

由此可见，当我们掌握的是单一规律的单一变化时，找到规律对于学习尤为重要，可是很多时候，我们学习的知识的规律涉及无限变化，这时，对于规律涉及变化的记忆储备对于解决问题能力的形成就变得非常重要。我为什么这么肯定这一点呢？是因为我培训了几千人，没有一个人可以靠掌握规律快速地把抽象信息转化成图像，只有以大量的转化经验作为记忆储备，他们才能轻松地把抽象词通过规律转化成具象词。

这个总结也验证了开篇我提到的观点：没有训练的记忆储备，仅知道规律、方法和记忆能力的形成没有必然关联，而且很多记忆类书籍写的方法和实际学习情况完全不吻合，这类书籍往往会将读者引入歧途。这也是大量看记忆书籍，研究记忆技巧、方法、规律的人，却在实践中屡屡碰壁的原因。

聪明的读者还会想到另一个问题：假设我们的知识 A 存在规律 B，知识 C 存在规律 D，知识 E 存在规律 F……即当知识出现交叉组合，涉及的变化、变量增多时，应该怎么办？此时，对于知识涉及的考点变化的记忆储备对于快速、正确地做题就变得尤为关键。

围棋的规则很少，但组合所有规则去下棋时，变化却极多。很多职业棋手都会通过大量地做死活题和摆谱来积累各种棋型变化的记忆组块，以增强他们下棋时的思维能力，应对各种变化。在和围棋高手下棋时，我问高手我为什么老是输，他说：你在下棋时，每一步都是凭借你即兴的思考去下，而我的思考是块状的，因为我经常打谱，熟悉棋形组块涉及的相应变化，看一步能想到很多后续的变化，所以即使我给你下了个套你也看不出来。

在学校有一种很常见的现象，课堂上老师会先讲解一个知识点，然后用一个例题来促进学生对这个知识点的理解。在这种情况下，学生会感觉到知识点非常容易理解，但是面对考试题时，他们却常常百思不得其解，觉得伤脑筋。因为老师在教授知识时，会选择特定案例去讲解知识点，例子是为知识点量身定做的，知识和例子就像两点一线，变化维度是单一的，学生一听就懂；到了实际做题时，题目是很多知识点和规律组合在一起的综合应用，它所涉及的变化大幅增加了。做题时，你可能会想到 10 个解题策略，但实际上只有 1 个策略是正确的，其他 9 个方向是诱导你犯错和浪费思考时间的，对考点有提前训练的学生就能轻松做出来。

学习并不只是掌握规律，由于知识组合变化的多样性，进入复杂决策环境时，那些仅强调找到知识规律、总结知识或认清知识的逻辑、绘制知识的思维框架图、彻底理解知识点的学习方法和观点，可能都不能让你轻松通过考试。变量多就意味着你必须依赖记忆系统，必须大量刷题训练，认真听老师讲解各种解题思路，充实解题思路的记忆储备。

读者可能会有这样的疑惑：作者这么强调记忆储备的重要性，那么，为什么只知道死记硬背的人不能搞好学习呢？

如何定义死记硬背呢？是记忆对学习不重要，还是记忆的形式才是关键？

带着这三个问题，我们继续深入了解。

第三节
学习的两条进步线

在我的记忆教学实践过程中，我做到过帮助一个学生在高考的最后6个月（模拟考 240 分左右）逆袭考上二本，也帮助很多成年人考过注册会计师、一级建造师、教师资格证、单位内部晋升考试等。

在这些过程中，我发现如果能明确一件事，再使用正确的方法和手段，学习成绩就能得到飞速的进步。这件需要明确的事情是：人的学习有两条成长线，能明白这两条成长线的人，学习时会有明确的学习目标，不至于白费力气、效率低下，做很多无用功。

学习中的两条成长线：

1. 台阶式思维认知的成长线（思维障碍、认知障碍、技能或知识的内在逻辑的理解障碍等）。

2. 对于知识点的再现、规律所涉及变化的记忆累积的成长线（事实性知识考试背诵要求多，考点多，知识点、规律组合变化大，没记忆储备靠临时思考易错、难解）。

当老师去教一个人知识或技能时，并不是一上去就直接教他怎么操作，马上就去解决某个问题。老师往往是先让他理解、领悟这个知识最基础的认知和逻辑原理。如果一个人不懂得最基本的原理和逻辑，还有相关的背景知识，在实践过程中遇到了问题，就不能找到根本原因。

如果勤奋可以成功，我认为最容易成功的是驴，因为驴比人勤奋多了，它们可以连续十几个小时不眠不休地工作，所以努力、勤奋不是获得成功的核心要素。

当一个人台阶式的思维成长线没有打开，他们会花费很多时间，甚至一生

去重复某种低效努力，我把这一类人比喻成为：思维台阶下的人。更高阶的认知无法被外力或当事人自己打通、提升上去，于是台阶成为他们终生的思维之墙，他们永远无法逾越思维认知的墙，他们能看到的就是墙下的世界，一辈子也跳不出去。

举个例子：我有一个学生，他认为人的记忆力不可以提升，记忆力是天生的，他不断暗示自己并强化这个固有认知。

我反复地告诫他：人的记忆力是可以提高的。如何提高呢？当我们的大脑获取的是抽象信息时，我们通过思考将它创造、加工成更好记忆的形式，嫁接到我们熟悉的事物上，就可以快速地记住它，并且不占脑容量。

当我反复向他传递这个新认知的时候，他还是不断重复自己的固有认知：人的记忆力是天生的，无法改变，将信息进行了加工是增加了新的记忆量，这样记忆的东西更多了，所以人的记忆力无法改变，这样做是徒劳无益的。

于是我给他举了一个记忆单词的例子：记忆单词 contrast（对比）。

有两种记忆方式，一种是像他原来那样反复地念，凭借自己的先天机械记忆能力来记住。另一种是把信息加工成更好记忆的形式去记住它，例如：con 看成词缀：共同，tr 看成"投入"的首字母缩写，a 是一个，st 看成"石头"的首字母缩写。

于是我回忆起往事：在农村的水坝上，两个孩子共同（con）走到那里，每人都投入（tr）一个（a）石头（st）到水库里，最后比较谁打的水漂更多。回顾往事后，我轻松记住了 contrast 的拼写和含义，间隔复习两遍后，我就永远记住了这个单词，而机械重复念的话，记忆很多遍还是容易和其他单词混淆或遗忘。

通过这个案例，这个学生也发现了这一点：同样是记忆同一个信息，不同的记忆手段效果差很远。但这个实验的结果和他的固有认知是冲突的。

我给他做了一个比喻：如果你需要拖动一个两百斤的货物，你是选择用手去拖它到目的地，还是用小推车呢？他说：用小推车！我又问：那小推车类比了这个记忆过程，是否如你所说联想过程增加了新的记忆量呢？他不知道如何回答，于是我继续说：我们把信息加工成更好记忆的形式并不是增加了记忆的量，而是选择了用更省力、高效的工具到达目的地。在复习单词时回忆往事，并没有记忆了什么新的东西，这是一个把新信息和过去的长期记忆捆绑在一起的过程，是不太占用脑容量的。最后，这个学生的认知障碍终于打通了，他的认知上了一个新的台阶。

思维认知的障碍被打通后，他才能看到新的世界，而对于有固定型思维的人，新的认知永远会被他的固有认知打败，思维的门紧闭了，智慧之门也紧闭了。所以在生活中，我遇到固定型思维很重的人，即便我知道有更好的认知和方法，我也会选择避而不谈。可以说固定型思维（认为自己之前获得的认知是真理，是不变的，无法接受新事物。固定型思维的反面是成长型思维，海纳百川，可以吸收新的认知和方法）是学习新知识的最大障碍。

认知、理解和弄清楚所学习的知识的基础逻辑，或者找到规律是非常重要的，因为它们加速了学习的速度，让我们在应用知识的过程中不会用错，同时让我们有举一反三、用自己总结的规律去解决新问题的能力。

但是在前面的章节中，我也提到过，过分看重台阶式成长是有问题的。其实有问题的并不是思维的台阶式成长，认知、理解、弄清楚事物的底层逻辑、总结规律都没有错，但是过分地强调它们的重要性，会让一个人进入思维成长至上的误区，这个误区就会导致学生的学习停滞不前。

在学习某个知识的时候，我们首先要打通台阶式思维认知的成长线，当阶梯式成长达成后，对于学习知识，它的收益就开始递减、衰退，它只是学习知识、形成能力的起点和方向，不是能力形成的核心。

虽然台阶式思维认知的成长线只是能力形成的起点和方向，但也很重要，因为如果起点和方向都错了，我们会不断重复低效率的认知和方法，这就是任何学习领域，有教练或者老师参与的学习和练习，都比学习者自己练习的效率要高得多的原因。好的教练或者老师会在学生进入误区之前和之中，想办法帮忙纠正。如果没有得到及时纠正，学生就会内化错误或者低效率的操作习惯，从而产生重大的副作用，无论怎么努力，进步速度都很慢。

例如，我在打篮球的时候，用手用力地拍篮球，发现自己运的球总是不听使唤。一个专业的篮球运动员告诉我，正确的发力不是用力向下拍球，而是用手把篮球拉成 D 字形去运（篮球的运行轨迹接近圆形会比较稳定），向下拍是运不稳的。我想如果当时他不提醒我，也许我练习一辈子，也不清楚为什么我运的球总是不稳定。

我常对我的学生说一句话：你们不要认为自己理解了什么样的举重姿势是正确的，就等于有了力量。

第二条成长线比较朴实无华，它主要是靠时间去反复训练、记忆熬出来的，没有捷径。你花的时间越多，积累的对知识变化的记忆越足够，你解决问题就越轻松，反之则越低效。

我们可以这样去类比两条成长线：第一条是知道如何举重，第二条是不断举重增加臂力。

有了对两条学习成长线的认知，在学习的时候，就可以明确自己的学习目标。到底是思维认知障碍还是重复记忆、练习、训练的储备不足？如果你的思维台阶式成长线的障碍没有打通，你就要在理解、思考知识点的例子或者彻底地弄清楚知识的核心概念上下功夫，要把思维认知领悟透，就像穿透一个障碍物那样。如果你的记忆储备成长线不足够，你的行为就得偏向于训练、学习、重复记忆、筛选（把记忆储备足够的筛选掉，节约时间攻克储备不够的）。

接下来我们分析：死记硬背的人为什么没办法搞好学习。

首先我对知识下一个定义，知识就是能帮助我们做出更好决策的信息。有些知识是我们长期实践活动的经验结论，有些知识是我们长期总结出来的规律，它在具体的应用环境中，在关系中发挥作用。

长期实践活动的经验结论，我们可以把它总结出来，提前背下来，然后指导我们后续的行为活动。

有些规律是可以总结出明面上结果的，如数学公式，也是可以先学习和背下来，然后套用到需要该公式的应用环境中去解决问题；有些规律是不可见的，隐藏在操作的关系中，要靠实践训练的过程去感知和记住它们。

学生的应试考试成绩在记忆上和两个因素直接相关：记忆储备和记忆强度。而记忆储备又分为两种：一种是明面上看得见、摸得着的记忆。另一种是隐藏在信息的关系中或操作过程中的不可明视的记忆。

（透过窗户可以看到一些信息，而墙壁挡住了另一些信息。）

在实际的学习中，有海量的知识是明面上的：

例1：英语的阅读理解，如果每一个单词的意思你都有相关的记忆储备，大致上你能看懂这篇文章；如果大多数单词你都不认识（没有单词和其含义相关的记忆储备），你就看不懂。

例2：对于医学生来说，很多药名和相应病症的用药量、应用范围都需要精准的结论记忆。

例3：律师需要精准地背下大量具体的法律条文和相关的数字信息。

在各行各业中，精准地记住很多事实性的结论，可以帮助我们更好地做决策。

理科考试中的很多解题思路和逻辑，需要隐藏在信息的关系中或操作过程中的不可明视的记忆。

有一个学生说：我从来没有记忆过数学的知识点和公式，却能考好数学，所以学习不是记忆，考试不是背书。

而有一个学霸的表达很有意思，他说：数学做题的本质就是背题，不是背题目明面上的那些条件和涉及的各种数据，而是通过做题的过程来背下运用题目条件一步步去解题的思路，做题是一个背解题思路的过程。

正因为解题思路是一种看不见、摸不着的记忆，所以很多人把它理解为理解的过程，而不是记忆。正如第一个学生说的"学习不是记忆"，其错误就在于：缩小了记忆的范略，面对需要在关系中的记忆时，他们依然选择了死记硬背明面上的事实性结论，这种南辕北辙的操作导致他们无法学好。事实上，我们在学数学时也需要重复做题，这就是在记忆不可明视的知识。如果有一天存在不需要重复就能学会任何知识的学习方法，那么学习就真的和记忆没关系了。显然的结论是：不重复，就没办法产生记忆，就什么也学不会。如果学生能够辩证地去看待问题，看待记忆，就不会那么偏激了。

有一个学生问我："宁老师，我能用记忆法背诵一千道数学题吗？"我反问他：你背下一千道数学题和你会解题有什么必然关联吗？显然，死记硬背对于记忆不可明视的知识是无效的。

用大脑思考是人获得记忆的核心途径，或者说思考本身就是一个记忆信息或知识的过程。人的大脑获得记忆主要有两个途径，一是用机械重复去获得记忆，这就是我们常抨击的死记硬背；而另一个途径是通过思考去获得记忆，而很多时候人们会把通过思考获得记忆认为是理解，而非记忆的过程。

当你在思考如何运用数学题的解题条件去解题的时候，你就在通过第二种途径获得记忆了。

清华大学的学生在回忆自己考上清华前的读书经验时提到：高考前，每门课程他至少做完了 7 本参考书上的所有习题。高考前的数学模拟考试，他只用了 5 分钟就做完了 20 道选择题。很显然，他不是靠即兴思考做出来的，而是对那些题目的解题思路已经烂熟于心。我们常说知识就是泛化（泛化：把自己学到的知识应用到需要它的各种情况中），而泛化是以大量记忆储备为前提条件的。很多数学学得很好的人，都会整理错题集，而那些有错题集依然没法学好的人，往往是没有反复去做那些错题（只有错题集的形式，没有对错题的记忆强度）。他们对于错题的记忆强度不够，往往过一阵子就忘掉了自己做错的题目，然后遇到做错了几次的题，又不会做了。

记忆强度就像烧水，如果这壶水没有烧开到沸腾的程度，你依然容易在重复的错误中跌倒。

我家有个出租的房子是带密码锁的，每次换租户时，都需要换密码和指纹。由于我对密码门如何使用的记忆强度不够，所以每次改密码和指纹时，我都需要再看一遍说明书。如果对需要解决的问题所涉及的知识的记忆强度不够，是无法从大脑中自由提取去应用的，得依赖像密码锁说明书这种参照物才能应用。

类似于密码锁使用的这个情况，在所有其他的应用领域都是一样的。如果你记不住一些东西，或者说这些必要的东西在你脑海中的记忆强度不够，而这些东西又是解决问题所必需的，那么你的应用一定会因为它而卡壳。

记忆术的学习，也需要明面上的记忆和隐藏的记忆两者结合的大量储备才能很好地应用。

我在培训过程中教过一个学生，他花了很多时间总结出汉语常用音的一个谐音编码表，例如：bo：博士、波浪、钵、拨（发音对应的图像编码）等。他认为只要用心把这些明面上的编码都背下来，自己就可以很轻松地把看到的任何抽象词转化成具象词。

我用一个案例引导他放弃了这种做法——我要他记忆一句话：科学创新起到引领发展的作用。这个学生先提取了关键词：创领作，然后试图用他准备的谐音表去将这几个关键字编成图像画面，结果他拿着表就陷入了沉思。而我脱口而出：创领作——窗领坐，窗口领饭到座位（大学食堂领盒饭到座位的画面）。他惊讶地问：宁老师，你怎么想得这么快呢？！我告诉他，我并不是靠思考的，而是我具有这些音组合起来编码成像的记忆储备，直接把它们调取出来应用而已（记忆储备＋思考调整应用）。

然后我给他解释为什么他做完一个超级大的谐音编码表格，却无法把抽象词转化成图像。我做了一个类比：即使我们知道一个班级的 50 个同学的名字，也不知道哪些同学相互配合能有好的合作结果（例如：一起出黑板报会效果很棒）。也就是说，即使你拼命地把所有谐音的可能性都总结出来，并且背下来（工作量太大，效率又低），你也不知道哪些音组合在一起容易出现比较符合逻辑的联想（记忆深刻的关键）。通过这个解释，他终于放下了制作和背诵谐音表的执念。

背谐音表积累的是谐音明面上的记忆，而在大量记忆训练中积累的不可视的记忆才是解决问题的关键（音组合能出现好的结果的记忆隐藏在实践中才能被大量地感知和积累）。

经过上面的解析，我相信读者对于记忆和学习的误解已经没有那么深了。我做一个客观的总结：考试是一个再现记忆储备的过程，而记忆储备包括明面上的记忆和不可明视的记忆。对于明面上的记忆，你死记硬背也好，灵活地运用记忆技巧记住也好，都需要背下来才能在考试中再现；对于不可明视的记忆（如数学题的解题思路），只有通过大量的训练才能真正获得。此外，为了在考试中获得高分，记忆（明面记忆和不可明视的记忆）系统和思考系统的搭配使用是不可少的。

我还要再次强调前面提到的问题：记忆强度。在《考试的脑科学》这本书中提到：人大脑的记忆是一种模糊状态，它并不是非常明确的，我们的记忆需要通过大量重复训练才达到比较明确的状态。我们人脑不是像计算机一样储存一个信息就马上永远记住，而是不断地犯错、纠正。人脑需要用一种反复排除的笨办法来记住知识。人的学习必须经历反复排除错误、遗忘点的过程，直到能比较稳定地记住某个信息或知识为止。因此，当我们的记忆强度不够时，我们脑海里的记忆往往是似是而非的，这时我们解决问题就易出错。透彻理解知识、找到规律、总结都无法提升学习成绩，是因为这些行为不能很好地抵抗遗忘。

第二章

学习能力差异
的奥秘

HAPTER2

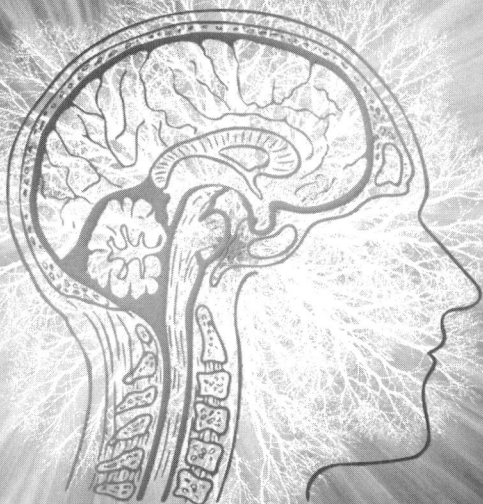

第一节
规则是学习能力差异的核心

———

在学校里，我们总会发现不同学生的学习能力差别巨大，有些学生一次就可以学会一个知识点，有些学生重复学了 20 次，依然学不会。

走向社会后，我发现一些当年班上的差生混得风生水起，于是我开始思考这些差生逆袭的原因。最后我得出的结论是：他们虽不擅长在考试中获得高分，但他们身上拥有在社会中更利于发展自我的生存规则，而很多高材生身上并不具备这些规则。这些规则包括：不断尝试用新的方式去做一件事，不断变化却矢志不渝（很多高材生更善于计算利益得失，容易放弃短期内没有利益的事），有广泛的社交爱好并且为了做成一件事能屈能伸（这一行为规则在差生身上更容易被习得，因为他们在读书时，就必须能屈能伸、脸皮厚），遇到利益分配懂得用利他心来汇聚人心，把失败当成营养价值最大的事情，而不是只把它看成一种痛苦和屈辱。

好学生习惯了优秀，经常在学校被表扬，出了学校之后，遇到工作中的挫败，他们往往比中等生和差生更容易被击倒，因为学校的评价标准非常单一：成绩分数，而社会需要的能力评价维度很多，这时候好学生的弱点就暴露无遗，而他们没有足够多的面对挫败的经验和好心态。

抛开天赋层面，人和人学习、工作能力差异的核心，也是他们在漫长成长过程中习得的自己认同的规则（学习上、为人处世、遇到问题的思维习惯等），这些思考问题的惯性和行为准则是每个人在内心制定并遵守的规则。

离开校园后，我们大都会忘掉老师教授的各种具体知识，我们记得最牢固的是赖以生存、学习、生活的规则，这些规则使我们反复地获益或者受损，而规则涉及的行为累积若干年后，就铸成一个人在某个领域的成就。

小 A 在成长过程中确立了一个行为规则：以自我为中心思考问题。当他在具体的行为上伤害他人时，他会立即找借口来逃避问题（他的另外一个行为规则：回避问题）。

小A是一名培训师，在学生交了学费后，他失联两天。学生找到他质问时，他首先说：我在搬家，你催什么。一般人都会为这种行为（收费后失联）先道歉，还会感受到深深的自责，而他不是，他会反过来说别人不好（自我中心）。

后来，他把一个学生的上课时间从晚上调整到早上，而且没有提前征求学生同意。学生责问他时，他的回复是：我已经把我仅有的时间给了你（自我中心）。学生听后暴怒。

小A把周围人的钱都借了个遍，有一天我逼他还别人钱，他对我发誓说：这辈子再也不借钱了。过了一些日子，我听说他又和另外两个人借了一大笔钱。当我质问他时，他的回复是：不是什么人的钱我都借（回避问题）。我希望他为自己违背誓言的事先跟我道歉，但三年过去了，他从未真正地改正，所以我意识到这不可能。

小A不是某一个人，是某一类人的缩影，他们的工作和生活都被自己确立的某个不好的规则死死地拖累，并不断伤害周围的人，但他们对于自己的坏规则视而不见，也无视他人的告诫。他们总能对自己重复的错误行为进行自我合理化，从而陷入错误的轮回。

通过小A的例子，我希望大家意识到，一旦我们习得了某种不好的规则，无论是对学习还是工作，危害都是极大的，反之，习得了好的规则，就会无限获利。在学校时，我们还很难看到习得好规则的人和别人的明显差异，一旦进入社会工作，奋斗十年之后，他们取得的成绩就会和当年的同学有天壤之别。有一句话说：读书的时候，看自己的同学平平无奇，出了社会多年以后，才发现自己和对方的真实差距有那么大。

在学习上，一旦我们确立了一个好规则，坚持执行下去，你的学习成绩就会因此而长期收益。不同的规则，带来的学习效率和收益不同。

我举一个我练习写作的例子，让大家对好的规则对学习的助益有更深的理解。

在我最初练习写作时，我给自己确定的规则是：每天阅读5~10页书籍，争取每个月能看完3本书，增加自己的写作知识储备。经过一段时间，我开始提笔写作，可我发现一个问题：我看的书好像有印象，却又像茶壶倒饺子，怎么倒也倒不出来。看书的时候很轻松，用的时候抓耳挠腮也想不起来。

我意识到我学习写作的规则不好，于是我改变了规则：每天背五个经典句子。比起固定看书的页数，这个规则起初让我感觉到非常吃力，但坚持下来一段时间后，我发现我在写作时真的能引用这些句子了，而且我的大脑在写作时思维变得更加敏捷和开阔了，但我的文笔还是不出彩。光靠背诵的规则，我还是难以写出打动人心的句子，于是我再一次修改了自己的学习规则。

在调整学习规则的过程中，我反思到一个学习的奥秘：我们的大脑是输出（提取或应用所学）依赖型，而不是输入依赖型的。当大脑输入大量信息时，我们会产生一种我们学到很多东西的错觉，可是一旦进入应用输出的环节，就会发现自己的大脑能记住并提取、应用的知识少得可怜。

于是我又给自己确立了一个总的学习规则，多利用输出强化记忆。人的记忆只有强化到某种程度才能自由提取、应用，不能盲目地追求阅读更多的内容（给大脑输入更多的知识，贪多嚼不烂，一次记得少、记得牢，才能记得更多），靠大量阅读书籍能记住的太少，大脑提取不出来。

通过这个总的学习规则，我又一次修改、设计了我的具体学习写作的规则：

1.每天背诵 5 个经典名人名句。

2.每天原创或仿写 5 个句子。

3.设计一个抽背系统（反复抽背那些名句和自己写得好的句子），直到句子能够达到从脑海里自由提取，因为记忆强度不够是无法自由提取用于写作的。

4.定期扩大写作范围，例如，每个星期写一篇 1000~2000 字的文章，然后总结出一些写作框架，为后续的长文章写作练习做一个铺垫。

我按这个新规则进行了 5 年的写作训练，这些规则让我从一个写 50 个字都绞尽脑汁的普通人成了畅销书作家，并且能给上千人做培训（大量写作训练的记忆储备成为我教学表达的能力基础。自己是一条河，才能给别人几杯水）。我的写作规则帮我实现了巨大的收益。

世界上唯一不变的就是它一直在变化。不要抱着一个固定的规则去解决所有问题，比规则更重要的是不断在实践中调整自己的规则，找到更好、更强的规则。我们可以把不断找到更强的新规则的过程叫作元规则，规则和元规则是能让你不断获得复利的学习思维模型。

第二节
获得记忆的两种主要形式

———————

想改变自己的记忆力就必须先改变自己的记忆规则。

我们获得记忆主要有两种形式：

一、不断机械重复去念要记忆的信息

没受过训练的普通人基本都是靠这种方式来强化记忆效果的，从普通心理学的角度，这种方式能获得的记忆效果极为有限，很多用这种方式记忆信息的学生明明很努力，学习成绩却还是很差。

二、通过思考创造加工来获得记忆

（1）学习时，我们会发现：在考场上绞尽脑汁却没有想出来的一道题，走出考场时，感觉自己能默写出来整道题。我们往往对那些自己冥思苦想做出来的题目记忆深刻。

（2）当我们用联想去创造加工记忆信息时，几遍就能永远记住了，不再需要频繁地复习。

举一个生活中的小例子：有一天，我路过一个叫作德天广场的地方，我机械重复地念：德天广场、德天广场、德天广场……后来，我故地重游，我看着那个广场却不知道它叫什么名字，于是我开始用思考来获得记忆，我是这样想的：当时我去广场的时候，广场上下着雨，我联想：德天广场因为下雨而得到了天上的雨水（德天＝得天），几年后我还记得清晰地记得它的名字。

当我养成用思考去获得记忆的习惯后，我看到每一个人的名字都会尝试用思考去获得记忆，而不是机械重复地去念。周围的人惊奇于我能快速记住大量陌生的人名，认为这是天赋异禀，其实我只是改变了记忆人名的规则而已。如果你希望获得很好的记忆能力，从现在开始改变你记忆的规则，持之以恒训练自己的大脑就可以做到。

由于常年按照这个规则训练自己，我已经将思考获得记忆的规则变成下意识的本能，当我看到单词 choke（窒息）时，我心里想的是：c 像是人的大拇指和食指中间的虎口，然后掐住人的喉 ho（看作 hou）咙，被掐住的人不断咳 ke 嗽感到窒息。当别人在不断重复念"choke、窒息、choke、窒息、choke"窒息时，我通过思考把这个单词创造加工成我看过的动作电影片段，几秒就长久地记住了这个单词。

分享一下我设立的记忆规则和遗忘规则：

记忆规则：对一个信息和知识的记忆效果主要取决于思考创造加工的用脑量，而非机械重复。

遗忘规则：不断提取你记忆过的信息，增加信息的提取强度用于抗遗忘，提取到大脑形成稳定的长期记忆为止。长期记忆的储存靠的是大脑中建立稳定的神经回路为物质基础，而稳定的神经回路并不能一蹴而就，它类似于一棵小树苗长成大树的过程，这需要一定周期，所以必须有间隔地重复去提取信息，去形成稳定的神经回路。

遗忘并不是简单的是或非（记不住就是忘光了，记住了就永远不会忘），很多人认为遗忘就意味着自己忘光了一个信息，实际上遗忘像一个能量条，假设你对信息的提取强度在能量条的及格线以下，就很难回忆提取，在能量条的及格线以上，就能轻松回忆提取。当然，这里的能量条只是我对遗忘的一个大体上的比喻，并非完整的情况。

读者们可以根据我建立的记忆和遗忘规则去重新设计自己的记忆和复习行为。同时希望读者对遗忘的过程不再过分地感到恐惧，因为遗忘发生时，你只需要再次提取，增加提取强度即可，那些需要进入长期记忆的知识一定要做好备忘录，以便于反复复习提取时有迹可循。

实践案例 1：

影响工程质量的五大因素：人、材料、机械设备、方法、环境。

思考获得记忆思路：人（人）建设一个工程需要搬运建材到工地，建材（材料）到场地后用机械设备（机械设备）施工。大型建材（如石料）有不同的方法吊到高处，比如，可以用杠杆原理撬上去，也可以用滑轮（方法）吊上去，这是不同的方法。下雨天时，施工环境（环境因素）太差会停工。

由于读者们是刚开始接触新的记忆规则，我会选用一些比较简单的记忆案例帮助大家适应。

实践案例 2：

高效能人士的七个习惯：主动积极、以终为始、要事第一、双赢思维、知彼知己、协作增效、不断更新。

思考获得记忆思路：大学时，单身的男性学长看到美女新生到校时，他们都会积极主动（主动积极）去给女生接车，帮女生拿行李。女生从学校门口下车，然后拿行李到女生宿舍的过程是以校门这个终点为起始点（以终为始）继续出发的过程。女生打开女生宿舍的门需要钥匙（要事第一；要事 = 钥匙），宿舍门是铁做的，所以双面都很硬（双赢思维；双赢 = 双面硬）。因为长途坐车憋久了，女生进入宿舍会赶紧上厕所。厕所有臭味，女生把鼻子（知彼知己 = 彼知 = 鼻子）捏住。上完厕所后，女生搬被子上床。然后整理床位。女生力气比较小，找同学一起搬（协作增效 = 一起搬、协作）被子，最后女生把床上老被子（更新 = 换被子）扔掉，换成新被子。

我将信息思考创造加工成大学校园常见的场景，就可以快速记住这七个习惯。复习的时候，把往事重新过一遍，没有多大复习压力。

实践案例 3：

政府的主要职能：保障人民民主和维护国家长治久安；组织社会主义经济建设；组织社会主义文化建设；提供社会公共服务。

分析：这道题目中的信息是有很强逻辑性的，我会使用逻辑类比的思考方式去记住它。

关键信息提炼：政府、职能、维护治安、经济、文化建设、公共服务。

思考获得记忆思路：政府职能想象成新华书店职员的职能（政府、职能）——管理好书店的秩序和经营，他们需要维护治安（维护治安），如：让小孩子不要在书店内追逐打闹。同时，图书专卖店是一个为了传播文化而建设出来的建筑，它在销售图书的过程中实现了经济增长（经济、文化建设），书店内部分区域提供了给公众看书的桌椅，这类似于提供公共服务（公共服务）。

当我把一个逻辑很抽象的信息通过思考创造，加工成生活中稀松平常的事情时，它们就会更好地被记住。当知识只是被动输入时，它没有跟我发生交互作用，一旦我用思考加工把它和我的长期记忆中的事物捆绑在一起，这种交互的程度越高，我的记忆就越深刻。

第三章

高效记忆原则

HAPTER3

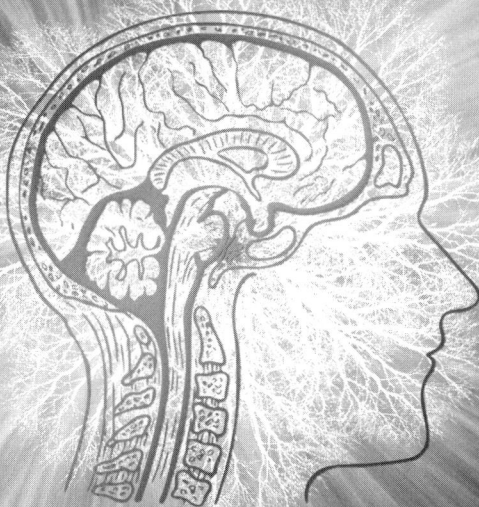

第一节
理解了为什么还是记不住

我花了很多篇幅向读者们论证建立新的规则对于自己的记忆有多重要,那么新的问题来了:既然思考获得记忆的效果比机械重复要高效得多,是否思考的结果不同,获得的记忆效果也有差异呢?

我先说一下规则和原则在理解上的区别,虽然它们都是具体做事的行为准则,但规则是可以自己定义去设计并遵循的,原则则是指经过长期经验总结所得出的合理化的现象和行为方针。原则不以我们的主观意志而转移。

很多老师会拔高理解对于记忆的作用,他们认为:无理解不记忆!死记硬背学习知识都是错的!要百分之百地理解才能真正记住!

实际上这些学校老师的认知,并不符合大量记忆实践中呈现的客观现实结果。我做了几十万次的记忆实验,结论就是:理解的记忆效果主要取决于材料本身是否在理解的角度下符合记忆原则,而非理解本身。理解主要的作用集中在弄懂一个知识,然后正确地应用或者练习,而不是帮助一个人快速地记住和提取知识。如果理解就可以轻松记住知识,那么所有可以理解的知识,人们都可以轻松背下来,这有可能会是一个学霸满街跑的世界。正是因为理解很难真正地记住知识,很多学生才会在考试时碰壁。

给大家做一个比喻,这个比喻可以让大家更清楚记忆技巧和理解作用的区别,记忆技巧好比一个工具,假设记忆技巧是一个"锤子",而知识好比是一个"钉子",记忆技巧的核心作用就在于把信息或知识"钉入脑海",然后在应用的过程中把知识提取重现出来,对知识的理解好比是弄懂钉子是什么材料做成的,如何生产出来,具有什么属性,如何使用,等等。我们知道钉子如何生产出来和使用,并不代表我们能把钉子钉入墙壁。

一个女孩的爸爸是特级数学教师。一天,他给女儿出了一道数学题。女孩苦思冥想还是无法解开。于是,爸爸给她讲了解题思路。女孩觉得自己听懂了,理解透彻了,就想要放下这道题,做其他的作业。但是爸爸坚持让女儿继续把这道题解出来。没想到，女孩在知道解题思路的情况下，还是苦熬了半个小时才把题目真正解出来。她落笔后，有了一种豁然开朗的感觉。她这才知道，原来刚刚自己以为的理解是不完全的，只有通过实际练习，才能真正记住解题过程中那些不可明视的知识。这个女孩后来考上了北京大学。普通人注意不到坚持实践练习的作用，他们不知道，"懂得"和"做到"之间还有一道鸿沟。

为了变得客观，我们必须打败根深蒂固的偏见，理解至上的傲慢在很多人心里生了根，这种傲慢与偏见导致很多人无法掌握高效记忆的原则。

如果我们需要获得智慧，必须先变得冷静客观。静能生慧，先放下自己各种顽固的固有认知，放下自己对于陌生认知的攻击性，让自己变得不偏激，让自己的思维像溪水一样缓缓流动起来，而非一潭静止的死水。

为什么理解对于记忆和提取的效果极为有限？

很多要考证的学生向我反映一个现实问题："宁老师，我能理解那些知识，可是我怎么也无法复述出来，这是为什么呢？"我的一个法律学生直率地说："宁老师，我不需要你给我梳理信息的逻辑，我比你梳理得还好，可是我就是无法背下来，好多信息太相似了，即使我梳理了信息的逻辑，过了一阵子，那些相似的逻辑整理，我马上就记混了。"他们的实践后的抱怨和我长期的关于理解和记忆关系的实验结果是一致的。

理解记忆也是通过思考来获得记忆的一种，但仅凭理解无法记住信息，因为理解信息大多数时候都不符合高效记忆的原则。理解信息和记忆信息的机制不一样，但是它们也有重合的时候，所以大多数人对于理解和记忆的关系存在重大的误解。

各位读者可以现在尝试做下面这个实验，然后诚实地回答：你记住了吗？

十个幽默技巧：自相矛盾、偷换概念、曲解原意、夸大其词、机智访答、一语双关、正话反说、出乎意料、答非所问、张冠李戴

我对其中两个幽默技巧做理解上的阐述，并附加一个例子：

自相矛盾——该成语比喻行事或言语先后不相应、互相抵触。

举例：

王尔德说："第一：我永远是对的；第二：如果我错了，请参见第一条。"

王尔德说："生活里有两个悲剧：一个是没有得到我们想要的；另外一个

是得到了。"

这两个句子都是自相矛盾的案例。

张冠李戴——意思是把姓张的人的帽子戴到姓李的人的头上；把这一方涉及的过程安插给那一方，比喻认错了对象，弄错了事实，出自《留青日札》。

举例：

甲问乙："你是干什么的？"乙答："搞音乐的。"甲问："什么乐器？"乙答："我退堂鼓打得不错！"

每一位读者都可以通过例子和阐述去理解这十个幽默的技巧。

接下来你们可以蒙住原文，然后第二天尝试默写出来十个幽默技巧。

我用这个例子实验过无数学生，最终的实验结果是：大部分人只能回忆出其中几个技巧，和机械重复念的记忆效果差不多。一周后我去问学生，很多学生都忘光了。

我的一些在学校当老师的学生，他们经历过大量的记忆实验之后，终于放下了自己心中固执的（理解至上）的记忆规则，开始认真学习符合客观现实的高效记忆原则。

理解在哲学上的概念：理解是将未知事物的变化和发展逻辑同人固有的认识相统一的过程。人在认识新事物、获取新知识的过程中，如果事物的发展逻辑与认识主体（人）原有的认识不发生对立、冲突或矛盾，就称为理解，否则就称为不理解或者难以理解。

理解是每个人的大脑对事物分析决定的一种对事物本质的认识，是我们通常说的"知其然，又知其所以然"。一般也称为了解或领会。理解与概念和问题都有密切关系，有时是互相重叠的。

记忆的主要作用是再现，再现我们曾经记忆过的内容，很显然这不是理解所侧重的方向。人的记忆无论在学习的输入端还是输出端都是非常重要的存在，当我们没有前置知识储备时，即使反复看一个知识，也无法在输入端理解信息（例如：你试图理解一句泰语，可是你没有对这句泰语的听说读写的前置知识储备，你是看不懂的），从输出端来考虑，如果记不住解决问题相应的工具型知识，也无法输出使用知识，例如，你要做一道数学题，但是记不住数学题必须使用的公式，难道你考试的时候，临时去推导吗？这不切实际。我们会先通过反复推导公式（反复推导得足够熟练也能记住公式，考试时临时推导太慢）或大量刷题的过程自然而然地记住公式。

人的记忆和 AI（人工智能）不同，AI 的"记忆力"非常强大，它们不存在像人一样需要反反复复才能记住的学习障碍。AI 在学习的过程中会通过大数据统计筛选出规律作为 AI 学习的核心，而由于机器和人脑的记忆作用机制不同，人的记忆和人的意识、思考活动捆绑在一起发挥作用，而机器的记忆不捆绑意识和思考活动，所以机器在做智能翻译时，只要被翻译的当事人出现一点点的口音偏差，翻译就会出现错误。而人的记忆由于和弹性的思考能力捆绑在一起，即使发音偏差很大的情况下，人依然能猜出来正确的含义。

我记得有一次我去郑州租借电动车旅行，那个电动车的老板一直和我说："中不中？中不中？"由于我听不懂当地的方言，我猜他是不是说我的腿肿起来了呢？愣了一下之后，我看他的手一直指着不同的车子，我猜测他在问我：这辆车行不行？满意吗？最后证实我的猜测是对的。由于人脑和机器的记忆运作机制本质上完全不同，所以近代兴起的很多把机器学习的理论运用到人脑学习上的做法就显得非常的愚昧了。

我写下这么多内容并不是为了贬低理解和找到规律对于学习的重要性，而是从客观现实的角度让大家了解记忆和理解的区别，在一定程度上帮助大家走出对人脑记忆的认知误区。我遇到过很多学生盲目把机器学习理论用在人脑学习上的荒谬做法（认同机器学习中的找规律对于学习的重要性，一些孩子甚至夸张到把总结规律当成学习唯一的路径，弄出了一个规律笔记本，天天只做一件事：总结规律。结果就是他们的学习成绩越来越差，又不明原因。）如果这些学生始终无法理解人脑学习的成本很大，不愿意反反复复去重复练习和记忆，只能在错误的道路上越走越远。对于学习效果而言，人脑学习的侧重点和机器学习的侧重点不同。由于人脑的记忆是和思考活动捆绑在一起的弹性思维，人的记忆是活动的，机器的记忆是僵硬的，所以不能盲目套用一些理想的学习理论。

第二节

高效记忆的 8 个原则

———————

1. 辨识度。

2. 有顺序的线性关联。

3. 长期记忆的使用。

4. 情绪刺激。

5. 分块 + 组合。

6. 主动从大脑中回忆提取信息。

7. 间隔 + 重复提取。

8. 记得少就是记得多。

这些原则是我从海量的记忆实验中总结出来的，对于这些高效记忆原则，我在这里给读者分别做一个详尽的介绍和解析。

第三节

原则 1：辨识度

———————

高效记忆原则 1：辨识度，信息经过大脑内视觉回忆时，在脑海中能被辨识出具体是什么外形的程度。

大量书籍提到一个观点：人类对于图像记忆的能力是机械记忆能力的 100 万倍。这种错误的知识具有严重的误导性，不符合客观现实。很多学生认同了这种错误的知识后，认为只要将抽象信息编码为图像就可以永远不忘了，因为编码一次图像相当于机械重复念一百万次。实际上不管多笨的人，机械重复念一百万次都能永远记住一个信息，所以这种伪科学知识大行其道对于大多数普通人是一种灾难。

我在教学生记忆信息的时候，不管你是编码图像，还是机械重复，都是必须经过不断间隔重复才能达到稳定地回忆提取的，只是图像记忆会记得更牢，回忆相对轻松。

我们记忆信息时，有两个强度：

1. 存储强度，符合记忆原则的记忆编码的存储强度大于不符合记忆原则的编码。

2. 提取强度，提取记忆的强度是波动的，提取强度既取决于存储强度（记忆编码的形式），也取决于记忆者的天赋条件和反复提取得到的强化。提取强度并不是恒定的，进入长期记忆后的信息，提取强度会趋于稳定。

有一天我在大街上看到一个巨大的广告牌，上面有一个美女拿着一瓶酒的广告，下面写着：××区 ××路 ××街道　联系人：×××电话号码：××××××××××。过了半个小时，我对于那个美女拿着酒瓶的画面依然记忆犹新，可是下面的那些抽象的文字我一个都记不得了。

经历这件事后，我开始了长达七年的实验。我发现文字本质上也是一种图像，它是一种纸张上的抽象纹路式的图像。

我们每个人的大脑都有外视觉和内视觉。外视觉是我们肉眼看到的现实中一切事物，我们的内视觉是一种想象的视觉，这种想象视觉是一种半模糊状态的视觉，它只能看清并辨识那些很容易辨识的事物。你可以在脑海中想象看见的一些事物，例如：车、黑熊、地球仪、西瓜、板凳等，但是你会发现内视觉中的这些影像都是一种半模糊状态的存在，对于那些非常容易辨识的具象事物，我们尚能在脑海里辨识，当我们试图用内视觉去想象并辨识出书本上那些抽象文字的外形的时候，会发现它们在想象中早已变成一团黑漆漆的乱码，我们的内视觉看不清它们，从而导致回忆信息失败。

我们的内视觉无法辨识和回忆抽象文字在纸张上的纹路，所以我们看完、听完、理解完抽象文字后很难回忆提取，这也是记忆宫殿之所以被称为世界上最强大的记忆方法的关键所在。电视上看到的所有超强记忆现象，本质上都离不开这些"超忆者"利用了将抽象文字转化成高辨识度的具象词去记忆的原理。"超忆"是一个假象，这些人只是最大化利用了自身的记忆潜能。

因此，辨识度决定回忆效果，只要我们能把抽象信息转化成高辨识的图像，我们就可以轻松、牢固地记住我们看到的抽象信息。

实践案例：

产品或品牌的象征意义：标志地位、标志性别、标志资格、标志职业、提高形象。

靠理解或机械重复很难短期内记住这些信息并达到稳定、快速的回忆提取效果。我现在将以上抽象信息转化加工成辨识度高的图像，让你感受一下记忆效果的不同。

我用内视觉想象了一个画面：一个士兵准备去厕所，于是他看地图找厕所的地理位置（地图=标志地位），厕所有男女性别的标识（厕所标识=标志性别），士兵穿着军装上厕所（军服=标志职业），上完厕所，士兵整理自己的仪表仪容（提高形象），厕所的地板砖呈格子状（标志资格=格子地砖），军人出了厕所之后，看一下手表上的时间，准备回家（自我表现=拉开袖子看手表，手表呈现时间）。

只要我在大脑中放一遍这个电影画面，就可以轻松复述这 5 个答案。

我的学生把一个抽象词"宏观"编码成一个空中的俯视图：

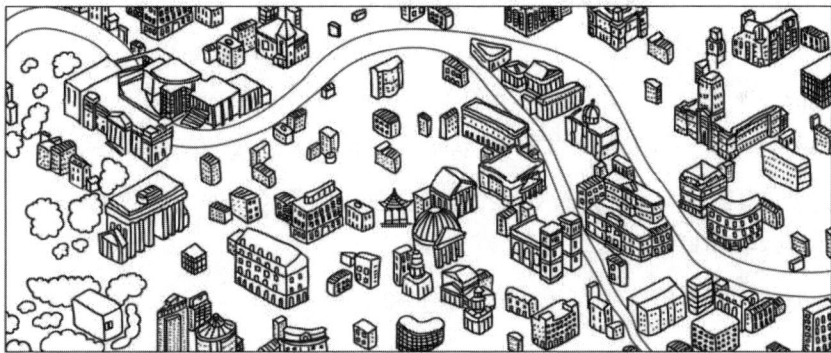

不久后，我的学生在脑海中辨识不出来这个画面到底是什么了，他的回忆提取失败了，因为这个图像在他脑海里的抽象、复杂程度其实并不亚于文字。

市面上对于图像记忆和抽象记忆的误导性知识：图像记忆效果是抽象记忆的一百万倍。在我的记忆实验中，即使我的学生将抽象词"宏观"转化成了图像（空中俯视图），但由于俯视图在他的内视觉中的辨识度太低，最终他也分不清这个图到底是代替什么抽象词了，所以我们结论是：图像记忆效果并非抽象记忆的一百万倍，信息的辨识度决定了记忆效果，被伪知识毒害的学生需要接受正确的知识。这种伪知识的书籍依然流传甚广，如果不做大量记忆实验，我也是受害者之一。这种伪知识书籍和兜售各种急功近利观点的书籍，都是通过贩卖焦虑进行自我营销。

它们最大的毒性是向广大读者传递一种：掉下悬崖，获得武功秘籍，一步登天的思维模式。实际上，速成任何东西都是不可能的，学习就像建楼房，地基不牢，地动山摇。一天建设一点点，即使很厉害的记忆能力也是如此，每天刻苦练习，一步一个脚印，训练越辛苦，质量越高，持之以恒，方能大成。

当然我也清楚一件事：即使我如此客观地去论证，意义也不会特别大，因为人性的弱点（急功近利，期望付出少、获得多的赌徒心态）摆在那里，依然会有大量读者热衷于接受此类观点，而不愿意接受客观的观点，所以我能做的就是播下一颗心灵的种子，在未来的某一天，我朴实的价值观和方法论能在你的心里生根发芽，帮助你长成参天大树。

总之，如果抽象信息被转化成不好辨识的图像，那么记忆效果和抽象信息就差不多。即使我们把抽象信息转化成图像，也要尽可能选择高辨识度的那一类，使用了高辨识度的图像记忆，也需要间隔重复才能记得牢。

常见错误操作案例：

解析——说明书（抽象词转具象）

经验分享：当我让学生回忆"说明书"时，脑海里的图像是一张纸上写着一些文字，但是他无法分辨这张纸到底是说明书，还是保证书或合同书、审核文件，最终他回忆失败了。

及时——我及时回家了（抽象词转具象）

经验分享：我的学生把"及时"转化成回家的画面，但是他怎么也无法通过这个画面回忆出抽象词汇——及时，因为他的大脑辨识不出回家的画面和"及时"有什么关系。很多初学者在把抽象词汇转化成图像时，选择造句后插入那个抽象词，这样在内视觉回忆的时候，根本辨识不出来。

第四节
原则 2：有顺序的线性关联

———

高效记忆原则 2：有顺序的线性关联，人的回忆结构呈一种线性结构，想到 A，然后想到和 A 关联的 B，再想到和 B 关联的 C，以此类推。如果信息之间毫无关联，回忆的时候，就会很困难。

我给大家说一个小故事：有一个县太爷画虎，最后虎画得不好看，像一只病猫，于是师爷说："这是一只猫！"县太爷大怒说："我明明画虎，你却说是猫！"师爷辩解道："猫是世界上最厉害的动物！"县太爷说："胡说！"师爷狡辩："老爷是县太爷，县太爷怕天子；天子怕天；天怕云，云把天遮住；云怕风，风把它吹走；风怕墙，墙堵住了风；墙怕老鼠，老鼠打洞多了之后，墙壁容易塌；老鼠怕猫，所以猫是世界上最厉害的动物！"县太爷听后作罢。

大家可以试着回忆一下故事中的关系：县太爷怕天子，天子怕天，天怕云，云怕风，风怕墙，墙怕老鼠，老鼠怕猫。

读者可以试着回忆这个故事中涉及的 8 个形象，看看自己是否能一遍就回忆起来，然后感知一下：人类的回忆结构是否是线性结构的。这里我说的线性结构并不是单纯地用故事把它们串起来，而是指这些事物之间呈现的某种逻辑上或者图像上的关系。

信息需要呈现出一个线性的、前后连续、两两关联的结构才好回忆，例如：A→B→C→D→E→F。我们在记忆信息的时候，如果希望获得连续回忆信息的效果，要尽可能把信息加工成这种结构，而我们在制作记忆关联的时候，也尽可能要让故事有连续、合理的顺序，否则回忆的质量就会受影响，至于原因，我会在后面的内容里做深入拓展解析。

当信息和信息之间毫无关联，那么回忆连续的信息就像孤岛和孤岛之间没有桥梁，回忆会不断地被卡住。读者可以自行做实验测试这个结论。给连续需要记忆的信息建立联系，就像给孤岛之间建立高速公路互通的过程。

为什么我们理解的很多信息都无法回忆，根本原因在于我们需要记忆的信息是不规则的，它们会存在以下情况：逻辑并列（信息之间互相没有关联，属于同一提问下不同分支的答案）；局部逻辑并列，局部逻辑相关（由于信息不规则却普遍存在，理解就可以记住的概率很低）；信息之间全部具有逻辑关联；等等。

由于信息是不规则分布在学习记忆任务中的，我先给大家演示一下信息之间自带逻辑关联的记忆案例。

只有受教育，才能提高自己的科学文化素质，不断地丰富和发展自己。受教育使我们更有可能获得良好的就业机会，在为社会创造更多财富的同时，自己也能获得相应的报酬，从而更好地享受现代文明的成果。

提取关键词：受教育、文化素质、丰富和发展自己、良好的就业机会、创造更多财富、相应的报酬、享受现代文明的成果。

分析：阅读完信息，我发现信息自带逻辑链，理解和逻辑分析能力好的话，可以不记而记。

记忆思路：我们从小到大上学是在接受教育（受教育）。从小学到初中再到高中，我们不断提高文化素质（文化素质＝文凭不断提高）。学习过程中，我们不断地丰富了自己的知识。进入大学后，我们加入各种社团丰富、发展自己（丰富和发展自己）。大学毕业后，大学生通过应聘获得就业机会（良好的就业机会）。就业后可以给工作单位创造财富（创造更多财富）。老板会把财富分配一部分给我们作为工资报酬（相应的报酬）。得到工资可以享受现代文明的成果（享受现代文明的成果）。比如，购买自己想要的笔记本电脑等。

经验分享：如果我理解了这个信息自带的逻辑关联，就自然记住了。但是这时候一些没有系统学习过记忆技巧的学生，会把这里记忆的效果好归功于理解的作用。其实，这个记忆效果还是要归功于材料本身。

很多记忆培训机构会精心挑选这种完全自带逻辑关联的信息作为宣传视频来招生，可是，在实际的学习中，90%的材料并不具备自带的逻辑关联，那么这种记忆培训就等同于欺骗。用这种案例让那些没有辨识能力的孩子去学习，结果就是：培训就像看完一场提前彩排好的武打表演，到了实际学习上根本用不出去。如果你能看到我写的这本书，你算是一个幸运儿，因为你不需要再去蹚这趟浑水了。只演示这种操作案例去招生的讲师，本身就不是朝教会你记忆能力去的。

由于信息完全逻辑并列（需要记忆的连续信息之间完全互不相关）和不规则在记忆过程中占的比重最大，所以一个人如果希望记住海量专业知识和考试、考证材料，必须拥有强行构建线性关联的能力，只有这样才能更好地回忆自己需要记住的连续性知识。对于那些已经入了乡却不愿意随俗的读者，只能和高效记忆做一个告别了。

说完理解对于记忆作用的局限性，我也说一下理解对于高效记忆的好处。理解对于记忆联想的作用往往发生在信息本身的逻辑非常明显的情况下。信息从自身含义的角度很方便从逻辑含义上出图，这种情况下，理解对于转化出符合记忆原则的联想是有很大作用的。

例如：物质和运动是相互并列、相互依存的。我在理解这句话的含义之后，把它转化成：手拉手溜冰的男女，他们之间相互运动并且手拉手是并列的。他们相互依存（男生倒地，女生一定会受牵连）。在实际学习过程中，大多数信息的逻辑范围非常宽泛。例如：法治范围、国际贸易、确立制度、发展理念等。从理解逻辑含义的角度，根本无法对其进行图像转化，即使转化出图像也不一定能成功回忆。遇到这些信息，理解对于记忆的作用就极为有限，而它们却广泛地存在于学习型记忆应用的过程中。

这些客观因素的存在导致学习型记忆的学习需要攻克很多的认知障碍。理论就像瀑布，只能看到一些明显的水流；实践就像暗流，有无数看不见的不同情况，所以真正深入学习型记忆实践的人的思维方式是厚重的，不会轻易说出"一招鲜吃遍天"的无稽之谈。

我相信很多读者已经希望马上弄清楚如何构建信息的关联了。在下面的章节中，我将在讲授具体技巧时做详细的阐述。

第五节
原则 3：长期记忆的使用

高效记忆原则 3：对自己长期记忆的利用决定了记忆效果。如果我们在制作记忆联系的时候，能把新记忆的信息和长期记忆关联起来，那么记忆效率就可以大幅提高。因为我们只需要回顾往事（长期记忆）和自己熟悉的关系就可以轻松记住新的信息。长期记忆利用得越多，记忆信息后的复习压力就越小。

在前言中我提到：竞技记忆和很多记忆类书籍在实际学习中没有作用，甚至会有副作用。为什么我这么表达？我会在这里做更详细的说明。

我培训过的学生里有约 15 人获得过世界记忆大师比赛的记忆大师证。他们可以快速记忆上千个数字，让普通人叹为观止。可是在我辅导他们的过程中，我发现：很多人实际上快速记忆 50 个文字都很难，他们的学习型记忆能力和普通人没有区别。

为什么耗费几年时间拿到记忆大师比赛的奖牌和记忆大师证，却难以在实际学习中应用呢？

记忆大师比赛主要是记忆数字和扑克。为了记忆扑克和数字，每一个参赛者都会准备好固定的数字编码。比如：13= 医生，14= 钥匙，15= 鹦鹉，16= 石榴……准备好 110（包含 00 到 09）个数字代码之后，进行海量机械式的重复训练，就可以批量式地生产记忆大师。

如何机械式地训练呢？先提前背下大量有顺序的地点序列（1500~2000 个），然后把 2 个数字编码（2 个两位数字）联结成画面安置在地点桩上。例如，数字组：1318，地点桩位置：沙发，联结画面：医生（13）坐在沙发上旋转腰包（18）。

这种训练海量地重复之后，就可以从思考系统运作进入接近下意识的记忆系统运作，记忆选手看到数字的瞬间完成机械化的转化记忆过程。它可以让人机械地记住数字或者扑克，因为这些数字画面组合的记忆提前已经熟悉过成千上万次了。它会呈现一种很强的记忆表演效果，可一旦把数字、扑克换成别的学习材料，这种表演就无法进行了，而观众很容易盲目相信记忆数字快等于记忆所有信息都快，这很显然是不能划等号的。

这种比赛的记忆训练无法应用在学习上的核心原因是什么呢？个位数字只有 10 个变量（0~9），而个位文字常用的有近 4500 个。两位文字组合的数量是两位数字组合（110 个）的无数倍，而文字构成的句子的变化数以亿计。文字记忆构成的变化量和数字记忆的变化量是根本无法相比的。好比一个是喜马拉雅山，一个是山脚下的石头一样。一个人征服了数字记忆，好比他征服了喜马拉雅山脚下的一个石头，这与征服了喜马拉雅山显然是不同的。

由于句子的变化量无穷大，所以只使用数字记忆的机械化模式操作去记忆句子是极为不合理的。应用记忆的训练方向和竞技记忆的训练方向是完全不同的；应用记忆训练一个人随机应变的创造能力，而竞技记忆的训练是机械化操作，将一个模式套在所有记忆数字的过程中。这样海量训练的好处是磨炼一个人的意志，缺点是让人的记忆思维非常单一，损失创造力。

我的学生广泉（网名）是记忆比赛的听记数字冠军，但是我发现他记忆文字比没受过任何记忆训练的普通人更难。为什么呢？因为记忆比赛用的是机械化的模式，这种模式一旦被长期强化，再想扭转到随机应变的模式就非常困难，人的习惯是很难短期内改过来的。

长期用比赛模式记忆数字的选手，会把数字记忆的模式迁移到记忆文字上，习惯用固定的文字图像编码去记忆信息，类似于：13= 医生，14= 钥匙，44= 石狮子……

举例：张志枫

习惯于固定编码的人就会从脑海里提取两个固定的抽象文字编码去记忆这个人名，例如：张志 = 章子，枫 = 枫叶。

记忆思路：章子盖在枫叶上（竞技记忆的机械化模式：A 动作 B，构建联系的模式）。

应用记忆训练的是随机应变的能力，没有固定的方式，两者的区别就像：一个是不断打同一个木桩，另一个是像水一样根据外界环境来改变自身（遇到不同容器，将自己变成什么样子）。

应用记忆的高手不会考虑任何固定的图像编码，而是在符合记忆的原则的前提下，找到更合适的操作。固定的编码用在实用记忆上效果不好的主要原因是：固定的图像编码就像是你选择了 A 螺丝，它的大小是固定的，遇到尺寸不合适的 B 螺母就无法形成很好的连接。固定的编码是没有调整余地的。

为了记得长久，应用型记忆高手会在脑海中发散出很多思路，然后像水一样随机应变，选择最适合的。比如，记忆"张志枫"。每个人都有手掌、手指，手指中间有缝隙（张志枫＝掌指缝）。我们只需要看一眼自己的手就可以轻松记住这个人名，为什么还需要用固定的图像编码（章子盖在枫叶上）呢？

前面我说到辨识度对记忆的重要性。竞技记忆选手做到了提高信息的辨识度（把抽象数字编码成图像编码），却无法顾及两个数字的图像关联的线性结构是否是一个熟悉的长期记忆中的关系。

接下来我做一个剖析：

张志枫＝章子盖枫叶（两个图像之间构建了陌生的关系。这一辈子你也很少真正能见到这个图像关系，它是非常陌生的）。

张志枫＝手掌上有手指，手指中间有缝隙（图像之间是熟悉的关系。从小到大，我们对于自己的手建立了长期记忆）。

我做一个假设大家就能理解：你是愿意回忆熊猫吃竹子，还是愿意回忆熊猫踢飞玉米呢？

我的一个学生（参加记忆比赛的选手）在回忆自己无法把学到的竞技记忆技巧用到学习上的时候，他说："我不愿意去复习我编的那些图像联结。"

为什么他不愿意复习呢？熊猫踢飞玉米在两个图像之间构建了一个陌生的关系，若只是记忆几个信息还好，若是成百上千个陌生的联结关系相叠加，复习压力就会很大。

所以应用型记忆的核心奥秘是尽可能在构建联系的时候用熟悉的（长期记忆）关系去记忆信息，这样复习的时候都是回忆自己熟悉的事物，复习的压力就小了。举个例子：让你回忆吃饭前洗手，然后盛饭、夹菜、洗碗的过程，你并不会觉得复习压力很大。

有一个病人善忘，找到老中医希望开点药方来提升记忆力。老中医说：他当年为什么考试总是考第一，是因为好的记忆力主要靠方法，他会利用自己熟悉的关系去记忆新的知识。例如：记忆药方：甘**草**、防风、栀子花、石**膏**、藿香时，他说很多药中都有同样的药材。例如：石膏。如果你重复地念，只记忆一副药方可能还好，同样的药材出现在不同的药方里时，记忆就混乱了，所以他提取了：草、防、栀、石、藿五个字，然后编了一个口诀：草房子失火。他说这是他的一件往事，利用这件往事来记忆新的信息不占脑容量，复习时没什么心理压力，也记得更牢。

选择能制作出熟悉关系的联系，就意味着不能用固定的图像编码（竞技记忆的模式），选择固定的图像编码就意味着很难得到熟悉的关系，所以竞技型记忆和应用型记忆难以两全。

复习的压力和使用长期记忆的程度成反比，使用的长期记忆关系越多，复习压力越小。陌生的关系越多，复习压力就越大，陌生关系的叠加导致复习需要更多的时间，当然即使是陌生的关系，你重复得足够多也可以记牢，只是花费的时间更多。

通过一个记忆操作案例，我们再来了解一下两种不同的模式：

记忆抽象词汇：目标、内容、结构、实施、评价、管理。

出图提高辨识度＋动作联结思路：目标＝靶子（图像编码）；内容＝羽绒衣（内部有绒毛；图像编码）；结构＝冰箱（结冰垢；图像编码）；实施＝石狮子（图像编码）；评价＝平架子（图像编码）；管理＝梨罐（图像编码）。

记忆联想：靶子（目标）插入羽绒衣（内容），羽绒衣里掉出冰箱（结构），打开冰箱看到一个石狮（实施）子，石狮子砸碎平架（评价）子，平架子上放着很多梨罐（管理）。

经验分享：这种用图像动作串联编织故事的方法记忆信息，可以出现短暂的高效记忆现象，但是记得快、忘得也快。初学者也可以使用这种方法，因为很多时候初学者制作不出合理的联系，可以用这种方法作为保底手段。

分析：思考如何制作出一个长期记忆中熟悉的关系，我的大脑进行了思维发散，然后找到我自己觉得相对比较合理的联想事件。我回想自己见过的卖车的事件。

记忆联想画面：买家拿着自己想买的车型图片给销售导购，导购带他去找目标产品（目标）。买家打开车子的后盖看配置。后盖内部（内容）容纳汽车的各种配置配件，买家看清楚机器的内在结构（结构）之后，进入车的驾驶室去试试车（实施＝试试）。买家试完车子之后竖起大拇指，这是他对车子性能做的评价（评价）。买家办完车的交易手续后，把车钥匙卡入钥匙扣做个管理（管理）。

经验分享：有熟悉的关系，记忆和复习都会比较轻松。

单词记忆举例：

Respect 尊重——热（re）门视频（sp）中的鹅（e）在照CT，受到很多人尊重。

这是我在网上搜索到的一个联想，读者们可以发现："鹅（e）照CT"的图像关系在你的人生中可能一次都不会出现，而且照CT和受尊重其实没有关联，"尊重"属于造句后被强行插入的。

如果你经常去编织这种联想，是很难牢固地记住信息的。

我示范通过长期记忆的关系记忆来这个单词：尊重是很抽象的，我把它类比成我长期记忆中的一个事件。有个男生去和一个装修工人握手，他发现装修工人的手很脏，于是他拿着卫生纸反复地缠绕在手上，然后看着对方，用包着卫生纸的手和对方握手，这种握手方式在我看来是不尊重对方的做法。

这里 re 可以看作词缀"反复"，spect 是词根"看"。握手的时候，反复（re）用卫生纸缠绕手，然后看（spect）着对方的手去握。

在制作记忆联想时，结合自己的长期记忆去构建熟悉的关系是比辨识度更为关键的原则，但只有经过海量应用型记忆训练的人才能轻松、快速地做到这点，初学者制作联系时不可避免会创造大量陌生的联系，这个时候，初学者要学会接纳能力不够的自己，循序渐进地去练习。

考证题目速记案例：

常见或有事项包括：未决诉讼或未决仲裁；债务担保；产品质量保证；环境污染整治；承诺；亏损合同；重组义务。

记忆联想画面：当时我对象买了一套房子，那套房子赠送了地下负一层的地下室，但是收房时发现地下室的施工非常糟糕，有大量的施工垃圾和渗水。我将这个情况拍好照，然后写了一份诉讼，我拿去售楼部给开发商的销售经理看。这个环节让我记住了未决诉讼或未决仲裁（未决诉讼或未决仲裁）。销售经理是一个背着单肩包的大姐，她的单肩包让我记住了债务担保（债务担保；担保＝单肩包）。售楼经理派来很多工人去地下室，他们维修了渗水，然后清扫了工业垃圾，这些行为都是为了保证房子的产品质量（产品质量保证）。清扫完垃坂的地下室很干净，这让我记住了环境污染整治（环境污染整治）。工人用行动帮售楼经理兑现了承诺（承诺）。观察房子没有质量问题之后，我就去物业收房了。物业收房要签一个收房合同，当时的合同损坏了一个边角，这个画面让我记住了亏损合同（亏损合同）。一群业主和我一起收房，把合同写完后，物业的工作人员收上去。收合同时对合同进行了重组（合同分发，然后重组到物业工作人员手中＝重组义务）。

由于记忆过程利用了自己亲身经历过的事件，复习时，我在脑海里把这些经历重新过了一遍。复习过两次这道题，一年后我还能复述出来。如果只是用机械重复去记忆，我是肯定做不到的。

专业知识操作案例：

建设安全技术措施计划的主要内容：工程概况、控制目标、控制程序、组织机构、职责权限、规章制度、资源配置、安全措施、检查评价、奖惩制度等。

分析：因为读者学习了多个高效记忆原则，我尽可能构建出符合多个记忆原则的联想：辨识度高＋长期记忆中熟悉的关系。

记忆联想画面：我把它们类比成生活中熟悉的事物去更快地记住它们。我家小狗有时候会随地大小便。当我妈在家骂小狗时，我冲过去看看现场的大概情况（类比记住工程概况）。小狗不想挨打，到处跑，于是成了我要控制住的目标（控制目标）。控制程序是先拿狗绳，然后抓住它，接着套上狗绳，把它固定在栏杆上。狗试图挣脱狗绳，足趾在地上拼命地抓（组织机构＝足趾）。我一边打扫狗的屎尿一边指着犬骂（职责权限＝责权＝指着犬）。为了防止犬继续在家里随地大小便，我带狗去小区下面遛弯。遛弯的时候，我不能随便践踏草地（必须遵守小区的规章制度）。我绕着草皮的边走（规章制度＝绕草皮）。狗拉屎时，我用随身携带的纸袋捡起来（资源配置＝资配＝佩戴纸）。狗拉完屎之后，我继续带它遛弯。我家小狗遇到别的狗要上去打架，我给狗带上嘴套（安全措施＝嘴套）。狗在草皮上狂奔，它玩耍的草皮是被剪平的（检查评价＝检平＝剪平）。人踩草皮会被物业罚款（奖惩制度）。

经验分享：记忆这道题我使用了类比思维，把信息类比成我熟悉的事物，利用长期记忆来强化记忆效果，还加入了一些记忆宫殿的转化加工技巧，把一些抽象的词汇做了谐音转化图像的处理。很多读者可能会认为这种处理是多余的，但如果你记忆信息时总是混淆或记漏的话，就能理解我为什么这么去操作了。

长期记忆的使用主要有两种情况：一是有图像的长期记忆联想。二是没有图像，但符合我们长期记忆中的抽象认知关系。

没有图像参与的联想举例：

记忆单词：genius 天才

genius 可以看作 geniusi（哥牛死）——一个哥们牛死了，我们会说他是天才。这个联想是我们长期记忆中的一个熟悉的认知关系，就算找不出高辨识度的图像，也可以快速记住这个单词的拼写和意思。

记忆单词：lie 说谎

可以联想到假冒伪劣（劣的音是 lie）商品的买卖，这种买卖是需要利用说谎来做销售的。不在脑海中想象图像也可以记住这个单词了。

第六节
原则 4：情绪刺激

高效记忆原则 4：做记忆联想时，如果联想对自己的情绪刺激越大，你获得的记忆效果就越好。

不少心理实验研究都表明情绪激发可以巩固记忆。记忆的巩固提高与杏仁核、海马区和颞叶内侧皮质之间的功能连接的增加有关而情绪激发可以促进这种改变。

当我们路过一些曾经去过的地方，受到环境的刺激，和那些地方有关的往事和回忆就会情不自禁地从脑海里冒出来。相比于那些稀松平常的事物，和情感，能引发情绪的事物能更深刻和清晰地印在脑海。

情绪刺激有很多类型，如：恐惧、恶心、情爱、暴力、痛苦、愤怒、好奇等。

人容易记住两种信息，一种是给我们带来较大的情绪刺激的信息，另一种是长期记忆中储存的各种逻辑相关的事件或认知关系。

这两种信息的记忆都是建立在有逻辑性的基础上的，而不是随心所欲地去构建联想，这是一个重要的前提。市面上一直流传着这样的说法：记忆联想越荒诞、奇特，记忆的效果就越好。很多小孩子接受这种认知后，就会很喜欢往没有任何逻辑基础的荒诞、奇特的角度去构建联想，比如：实施——石头长着翅膀在水里游泳，石头身上是湿的（实施＝石湿）。这样操作的效果并不好，记忆的信息多了之后，过一段时间，回头测试一下，各种画面都忘了。

为什么这种荒诞、奇特的联想记得快、忘得也快呢？因为本质上这种联想的画面不但是陌生的关系，还是永远不可能发生的关系。假设第一次你想到荒诞、奇特的画面时，因为有一定情感刺激而记住了，当这种联想的数量越来越多后，回忆时，自己也不清楚上次的联想是往哪个方向上荒诞了。很多写记忆书的作者本身并没有太多应用型的记忆实践，容易误导读者。

经验分享：如果你想通过情感刺激原则制作高效联想，当你做完一个联想后，可以问问自己，这个联想能给自己带来哪个维度的情感刺激。有这个判定过程，你的联想会做得更出色。

项目管理知识点记忆案例：

相关方分析：兴趣、权利、所有权、知识、贡献。

分析：因为我经常下午去打篮球，所以想象篮球有关的事件会给我带来放松和愉快的情感。

记忆联想画面：兴趣想到打篮球（兴趣），相关方分析可以联想到组队打篮球，对相关球员的能力进行分析，去成员个子较高的队伍（权衡利弊）。篮球比赛开始时，球员进行跳球，争夺球权（所有权）。拿到球的我对着篮筐做出投篮姿势（知识＝姿势）。进球贡献（贡献）得分。想象女神为我的进球呐喊助威，让我的情感更强烈一些。

情绪刺激单词联想记忆案例：

词根记忆：cip 拿——拿针刺（ci）皮（p）肤。

Participate 参与——参与一个 part（看作 party 聚会）聚会，聚会到处拿 cip 吃 ate 的。

经验分享：这里我先用情绪刺激的联想记住了词根：cip 拿，再把这个词根套在包含这个词根的单词上。平时我会把一些常用的小词根和小单词先记住，再套用到大单词的记忆联想过程中。

经验分享：虽然情绪刺激可以一定程度增强我们的记忆，但大多数时候，我们更多是构建符合逻辑的联想，因为情绪刺激一旦过多，人的身体会容易疲倦，人不能一直处于激烈的情绪中。

情绪可以帮助记忆，但它有时也会妨碍记忆。

例如：焦虑的情绪是记忆的大敌，患有焦虑症的人，记忆力会出现不同程度的下降。人的海马体是制造长期记忆的中转站，如果人长期处于很焦虑的状态，海马体就没法好好工作了，人的记忆能力也会降低。

一些家长由于工作压力大，回家后没办法控制好自己的情绪，常常因为一些小事急切又大声地责骂自己的孩子。这些家长不了解记忆的原理，他们不知道一旦孩子处于极大的负面情绪时，他们的海马体（类似于记忆工厂）就无法好好工作，这对他们的记忆和学习都会产生不好的影响。如果孩子在家学习的时候，内心处于高度紧张、害怕、不安，或者焦虑的情绪下，他们的记忆效果就会大打折扣。

庄子留下了一个发人深省的故事：一个博弈者用瓦盆作赌注，他的技艺可淋漓尽致地发挥，而他用黄金作赌注时就大失水准了。

当我们想做好一件事情时，我们的负面情绪很大程度来自对事情结果的掌控欲、对于不确定性的不安。如果我们太注重事情的结果，就会难以接受各种阶段性的挫败、失误。越是伟大的成绩越是需要靠大量的失败累积为前提。当我们能保持一颗平常心去记忆信息时，才能减少负面情绪对记忆力的干扰，才能发挥出最好的记忆潜能。

我们不但要关注如何利用情绪刺激的联想去强化记忆效果，也要善于调整自己的情绪，做好自己的心理建设，减少情绪对自己记忆力的影响。

一些孩子无法好好学习的问题源头是与家长的不良沟通，不管他们如何表达自己的痛苦，都没办法得到家长的尊重。父母的强势和主观意愿就像沟通的一堵墙，孩子只能不断地碰壁，久而久之，孩子积压的负面情绪无法得到疏通，他们感到抑郁，很难专心学习和记忆，成绩跟着就垮了。如果家长能意识到在沟通过程中疏通孩子情绪对于他们记忆和学习的重要性，也许会改变他们的做法。我把这个观点写在书里，希望能够启发到你。

读万卷书不如行万里路，行万里路不如阅人无数。由于长期从事教育培训工作，我也算阅人无数了。有一天有个孩子跟我说："我已经不愿意和我的父母说话了。很多年了，和他们沟通就像撞墙，他们从不理会我的想法和感受。"听完这些话，我就猜到这个孩子未来的学习成绩会崩盘了，结果真是如此。我为什么猜得到呢？因为太阳底下没有新鲜事，一切都是历史的重演，我见得多了，就自然能猜到。

情绪对记忆和学习的影响很大。在此，我教大家一些克服负面情绪的小技巧和心法。这个世界是阴阳调和的，如果解决问题的能力是硬实力，那么调整自己的心态和思维方式就是软实力，这种软实力是支撑你拥有硬实力的关键。

方法 1：进步主义。我经常对自己做一些心理暗示。比如，这一次虽然没有得到好的结果，但是在那个点上我又进步了。我准备了一个自己的进步本，上面记录着自己的各种小进步，这种进步的可视化能让我对于未来充满动力和希望。进步到一定程度，就会有阶段性的成就出现，正面反馈一旦出现，就会对自己的目标越来越有激情。

方法 2：改变自己对于事物的看法。大多数人不是败给了别人的评价，就是败给了自己的坚持。以前一遇到失败，我就会给自己贴上负面的标签，后来，我学会了改变自己对事物的看法，对自己进行积极正向的心理暗示。例如：我会告诉自己：失败是自己学习中营养价值最大的地方。当你做一件事情失败之后，如果能认真反思复盘，下一次就会做得更好，而自己不犯错的地方就是比较厉害的地方，无论如何娴熟，进步也极为有限。既然失败是成长过程中营养价值最大的部分，为什么还要去担心它的发生呢？学习产生的痛苦往往是短暂而有限的，而你因为学会这个东西获得的成长和受益是终身的。比如，你学习游泳时呛水的痛苦只是很短暂的，而你因为学会游泳和朋友享受泳池的快乐却是终身的。

方法 3：用习惯去形成能力，达到目标，而不是认知。速成的心态毁了很多人，他们总是希望某个厉害的认知或者学习方法让自己马上逆袭，这种思维方式是不符合事物发展的客观规律的。陷入速成心态的人往往到处碰壁。失望越来越多以后，就慢慢变得习惯性躺平了。实际上，不管用什么方法，最终都是"一分耕耘，一分收获；几许汗水，几许成果"。

正常达到目的的思维应该是：做好一件事，准备充足的时间，每天做一点，日积月累，不断精进。把一个大目标切分成无数的小目标，每天做一点点，久而久之，能力就形成了，高楼大厦也建成了。即使付出的比收获多，理想终究不会是一个虚假的大饼，自己总能吃上一口。有了这种思维方式，即使没有获得大的成就，小的成就也有把握得到。

习惯大于一切方法。当我选择练习写作时，我就非常明确。低效率的人回避事情中最困难的部分。五年如一日坚持练笔的过程就是写作学习中最困难的部分，也是最有营养价值的部分，而学习一些写作技巧和框架是相对轻松的部分。兜售写作技巧的人会夸大后者的价值，我更相信的是：重剑无锋，大巧不工。基于这种思维方式，我选择了前者。我把写作慢慢熬成一种习惯，每天都做一点。我认为人和人最大的区别不是智力，而是心智力量，心智力量强大的人，即使不够聪明，也能用习惯一定程度达到自己的理想。

人这一辈子能自己控制的事情其实很少，事与愿违才是常态。付出的很多，获得的很少才是常态。如果连自己的行为都控制不了，就更加无法控制外界。给自己定一些小目标，如果做到了，自己就是自己心中最优秀的人，别人怎么说自己怎么不好都没有意义。如果自己答应自己的事总是做不到，也怪不得别人贬低自己。有些事本来很遥远，如果我们每天争取，我们所希望的目标就会离自己越来越近。每天完成自己的小目标，养成好习惯，最终的收获会超出我们的想象。长年累月做一件事的习惯可以让我们把这件事做透，成为顶级的大师。当你成为稀缺资源时，你不可能不成功。

当我们把一件事情做成一种习惯之后，我们对这件事情的掌控能力就会变得更强。自信是一个变量，我们对于自己熟悉的事情往往是自信的。当我们把一件事情做成习惯之后，我们对待这件事情会更自信，不容易受到负面情绪的干扰。

方法 4：**不断总结一些有效的套路和规律。**当我们不断重复一件事情，要学会找到一些窍门，这样同样的时间下，我们会获得更好的效果。久而久之，我们做同一件事情就会越来越自信。既要努力，也要不断变通。我记得我看书的时候，一开始总是想看得更快，发现自己总是记不住书上的内容之后，我就总结了一个看书的套路：看完一些内容后，就把眼睛看向别处，然后尝试复述。再过一段时间，我又研究了新的套路：看完书后，给自己提一些问题，然后看是否能回答出来。这样不断总结套路，我看书就能记住很多内容了。

方法 5：提升自己对同一个事物的认知水平。以前我忘记自己记住的信息或者记忆出错后会感到很焦虑。当我看过很多关于记忆认知的心理学书籍和记忆实验后，我的认知水平提升了，就不再对遗忘和记错感到焦虑。当我们大脑里的记忆错误被纠正之后，会产生一个"高度纠错效应"——纠错会让我们记忆更深刻。记错是强化记忆的必经之路。"巴德拉效应"又告诉我：遗忘是巩固记忆的一种非常好的手段。当我们回忆信息时，提取信息的难度越大，提取成功后，记忆的提取强度得到的增强效果就越强。升级自己的认知，也改变了我对同一个事物的看法。

前面我提到认知无法形成能力的改变，但好的认知会产生更好的信念，而人的意志力和行为动力是基于信念而产生的。什么是信念呢？信念是指人们对自己的想法观念及意识行为倾向。好的认知还可以让人拥有好的心态和思维方式，而心态是支撑我们度过漫长学习过程的非常关键的因素。

第七节
原则 5：分块 + 组合

高效记忆原则 5：分块 + 组合。在面对信息量比较大的内容时，我们必须把它们分成小块去记忆，然后把这些小块再组合在一起，或者通过记忆技术手段去记住组块的顺序。

一些读者可能会编一些简短、有图像联系的故事来帮助自己记忆，但是如果不懂得分块 + 组合原则，就始终无法完成比较长信息的记忆。

记忆实践案例：

社会主义核心价值观：富强、民主、文明、和谐、自由、平等、公正、法治、爱国、敬业、诚信、友善。

分析：如果要将 12 个价值观的抽象词通过联想编成故事，大多数没受过长期专业训练的人都做不到。记忆的联想过程遵循"记忆负重"原理——一次性的联想涉及的图像越多，回忆的压力就会越大，一旦其中一个图像想不起来，后面的就都会断链子。这就像我们叠盘子，叠的盘子越多，越容易全部崩塌。

将信息按分块＋组合的原则拆分成三个组块去记忆。信息通过转化画面提高辨识度，用连续的逻辑动作联系成线性结构。

组块1：富强、民主、文明、和谐（国家层面）

记忆联想画面：喝醉酒的人扶着墙（富强=扶着墙）不断呕吐，呕吐完抿住（民主=抿住）嘴。墙边门面上的LED灯上有明亮的文字（文明=明文）。朋友和路人协（和谐=和协）作一起抗他回家。

组块2：自由、平等、公正、法治（社会层面）

记忆联想画面：美术生在画自由女神像（自由＝自由女神像），他坐在平板凳（平等＝平板凳）上绘画，弓着背睁（公正＝弓睁）开眼睛看着画板，自由女神被画在纸（法治＝画纸）张上。

组块3：爱国、敬业、诚信、友善（个人层面）

记忆联想画面：想象自己去水果店买爱吃的水果（爱国＝爱吃的水果）。挑水果戴上眼镜（敬业＝眼镜；倒过来谐音编码图像），看得更清。挑好水果放秤上称重。水果店老板在秤下面贴磁铁（诚信＝贴磁铁；不诚信行为代替诚信）来赚黑心钱。我买完水果后，右手打着伞（友善＝右手打伞）挡雨回家。

三个组块分别记住之后，把它们组合起来，记住分块之间的顺序。三个记忆组块分别对应国家、社会、个人层面，把这三个组块进行逻辑关联就可以记住它们的顺序。逻辑联系：国家发展需要好的社会制度，社会是由无数个人构成的集合。国家想到社会，社会再想到个人。

记忆所有的信息，我们都可以使用这个技巧（分块＋组合）。

记忆单词：casual 偶然的

看到这个单词的时候，我会按照我的长期记忆组块进行拆分，ca看作差（cha接近ca），sual看作usual经常。

组合组块进行联想记忆：差（ca）生经常（sual）考得很差，考得好是偶然的。

记忆单词：bitter 痛苦

拆分：bi逼，tt太太，er儿子。

组合组块进行联想记忆：离婚后，老公逼（bi）太太（tt）把儿子（er）交给自己抚养，太太会感到非常痛苦。

第八节
原则 6：主动从大脑中回忆提取信息

高效记忆原则 6：主动回忆提取所学的知识，用所学解决问题。

很多学生使用的学习方法是很低效的，这里我给大家介绍其中几种。

重复阅读所学的知识。

这种非常普遍，重复阅读是大多数人的学习方法。心理学教授 Dunloski 和同事通过分析上百篇论文对于十种不同学习方法进行了研究，他对于重复阅读这种学习方法的评价是：低效用，虽然和其他学习方法相比，重复阅读在时间需求方面有一定优势，但和其他学习方法相比，重复阅读的效用较低，这是其致命的弱点，也是我们给出低效用这一评价的核心原因。2016 年，他再次指出：被动重复的阅读对于学习来说效果很差，甚至没有效果，但是被动重复阅读不仅是学生普遍采用的方法，还是学生首选的方法。

用五颜六色的高亮笔标记重点内容。

实验数据表明：高亮笔标记重点是非常受欢迎的学习方法。Dunloski 在论文中提到：基于现在获得的所有证据，我们给高亮或者在重点下画线的评价是低效用。在大多数实验中，得出的结论是相同的，对于大多数实验的被试者，他们高亮重点内容对于提升学习表现基本上没有作用。只有学生知道如何高效地高亮内容或者学习内容较难理解的情况下，这一学习方法才能发挥作用，但是这一学习方法阻碍学生在需要推论能力的学习任务上的发挥。他认为这个学习方法就是学生用来进行自我安慰的一种方式。

总结式的学习方法。

Dunloski 和他的上百名同事对总结这种学习方法的实验数据进行了分析，他发现：基于现有证据，我们给写总结这个学习方法的评价是低效用，对于知道做好总结的学生来说，这是一个很有效的学习方法，但是大部分学习者，包括儿童、高中生，甚至是本科生，都需要大量的训练才能掌握这个方法，所以这个学习方法的可行性较低。总结相比其他学习方法而言，效用还是不够理想。

相对这些低效学习方法，各种实验数据都指向同一种方法是最高效的，通过这种方法获得的学习效果在实验中是最佳的，但这种方法使用起来会比较辛苦，不被大多数普通学生喜欢。它就是：**主动回忆所学的知识**。

主动回忆自己所学的知识本质上是一种高效记忆的原则，通过这个原则可以设计无数种学习方法。例如：看单词的中文含义，尝试回忆英文单词的听说读写；对所学的知识进行提问设计，然后主动回忆知识来回答；看英文句子的中文翻译尝试默写英文；看书的过程中合上书本主动回忆书中描述的内容；学会一个知识点尝试主动回忆、教授给他人；等等。

为什么主动回忆所学的知识是高效记忆的原则呢？在本书中我大量地提到，人的大脑是输出依赖型的，只有必须从大脑中提取所学的知识时，海马体才会得到强烈的刺激，形成好的记忆效果，而被动输入信息时，我们过一会儿就会遗忘了。

在《考试的脑科学》这本书中提到：人的大脑不同于计算机，无法通过增加存储器来扩容。因此，为了灵活地运用有限的存储空间，脑会根据信息的价值，将其分成"必要信息"和"非必要信息"。大脑如同法官一般，会对信息下达"价值判决"。只有被脑判定为"必要"的信息才会被海马体运送到大脑皮质内长期保存。什么信息能轻易通过"海马体判官"的审查呢？**这条信息必须被反复地从大脑中主动提取、应用或危及当事人的生存。**

当我们主动回忆所学的知识时，大脑要比重复阅读这种被动输入的方式辛苦得多，但一旦提取成功，获得的记忆效果又是非常大的。应用所学的知识到具体的应用环境中也是一种常见的知识提取。例如，我记住了一个销售的知识：通过对比来组织语言将产品销售出去。于是我跑到洗衣机的卖场，然后组织语言向顾客推销：滚筒式洗衣机价格更高，但是洗衣服的时候不伤衣服；直筒式洗衣机洗得更干净，但前提是衣服要足够多，而且容易伤衣服，价格比较便宜。有了这个对比，顾客更好做选择。大家可以发现，我们应用所学知识的过程也是一个主动回忆的过程。

主动回忆提取信息这个原则一旦被牢记于心并娴熟地使用，你的学习能力一定会大幅提升。

很多人认为做题不是记忆，但做题的本质还是通过提问让学生主动回忆检索自己所学的知识。经过多年实践，我发现几乎所有能产生好的学习效果的学习方法，都指向从大脑中提取记忆这一原则。

第九节
原则 7：间隔 + 重复提取

———

高效记忆原则 7：间隔 + 重复提取。

间隔式重复提取是指将你的复习分隔在一段时间内（如两周或者一个月内），多次有间隔地进行重复，这和临时抱佛脚地复习或者学习一个内容的当下拼命复习很多次是不同的策略。艾宾浩斯遗忘曲线为我们提供了间隔复习的理由。遗忘曲线的核心规律是：遗忘是一种先快后慢的过程，当我们反复间隔复习同一个内容，越到后期，遗忘就越难以发生。

间隔式重复原则的本质是先让大脑遗忘一些信息，这样你再次复习的时候，就不会是毫无意义地重复了，假设你背诵 A 知识时，没有太大的障碍，这时候过多的重复就价值不高，而间隔重复时，你遗忘得越多，你的大脑就要越费力地检索遗忘的那部分信息，这样一来那些信息就会被记忆得更深刻。

脑科学研究博士池谷裕二在书中提到他们关于大脑前沿的研究成果表明：LTP 是大脑的"记忆之源"，什么是 LTP 呢？它的全称是长时程增强作用（long-term potentiation）。

在"LTP"相关的脑科学实验里，需要注意的是，LTP 是神经元受到反复刺激后才产生的。它涉及突触（两个神经元接触以传递信息的结构）的长期改变。如果只刺激海马体一次，是绝对不会产生 LTP 的，必须反复刺激才行。

总而言之，在人脑的学习过程中，反复刺激海马体的神经元，即"复习"是十分必要的。那种"不复习，光凭弄懂规律、彻底理解知识的内在逻辑、找到解决问题的规律、做好知识的总结，就想掌握知识"的心态，从脑科学研究的角度来看，是要不得的。

通过对 LTP 的了解，我们对间隔式重复的认知就更深刻了，不重复，我们大脑记不住任何知识。

第十节
原则 8：记得少就是记得多

高效记忆原则 8：记得少就是记得多。

在这里，我给大家介绍一个大量记忆实践中总结出来的规律：大脑的记忆空间类似于一个容量非常大的瓶子，但是这个瓶子的瓶口是非常窄的，因为我们的工作记忆的容量非常有限（工作记忆的长度就类似于瓶口），如果我们打算一次联想记忆大量的信息的话，就类似于我们往一个瓶口很窄、容量很大的瓶子里倒水，可是用的是一个很大的桶。这样的结果是：虽然你倒入的水量很大，但大多数水都没办法进入容器，在瓶口就已经洒到瓶子外面了。我经常对我的学生说这个原则，我还给这个原则起了一个名称："记得少就是记得多。"

由于"记得少就是记得多"的原则，所以应用型记忆高手在记忆信息时，大都会选择将一个大信息切分成几个小的组块，然后分而记之，这样不但可以提高了记忆效率，还减少了记忆信息时的心理压力。在学习内容上也类似，单次学习知识时，学得少就是学得多。

"记得少就是记得多"原理的第二个要领是尽可能把信息中的关键信息整理出来。因为我们的工作记忆容量很有限，它像一个仓库，如果把信息中的渲染信息（不是关键信息，加强语气或辅助读者理解的信息）当成关键信息去记忆的话，这个工作记忆的仓库就要被次要信息占领空间，那么关键信息就会被排挤出去。

不懂得"记得少就是记得多"这个原则的人，在学习的过程中就会盲目贪多。市面上的速读技巧，强调让学生尽快地阅读。但人的大脑工作记忆能力很有限，而对书的理解和记忆靠的是大脑而不是眼睛，所以一味求快、求多去阅读的结果就是什么都记不住，对知识的理解也大打折扣，而这种形式主义的速读术对孩子的学习会造成很大的副作用。一个人看书的快慢主要有几个关键点：一是他对于知识的掌握程度。二是对于前置知识的掌握。因为知识在逻辑上是连续的，如果没有一定的前置知识的储备，看得快毫无价值。三是阅读者自身的知识面是否宽泛。知识面宽泛的人理解新知识会比知识面窄的人更容易，因为知识之间是具有关联性的。四是阅读者大脑理解、分析知识的先天天赋，天赋高的人理解和分析更快。这些都主要和大脑有关，眼睛看得快不是关键。

　　了解记忆的原则并不能让大家马上变成记忆高手，但是不了解这些高效记忆的原则会让很多人做这样一件事——试图"开着坦克到达月球"。沿着错误的方向是无法到目的地的。接下来的章节我会教大家具体的记忆技巧，在正确的原则、方针的指引下，再进行合理的记忆训练就能快速地提高自己的记忆水平。

第四章

世上最强大的
记忆系统
——记忆宫殿

HAPTER4

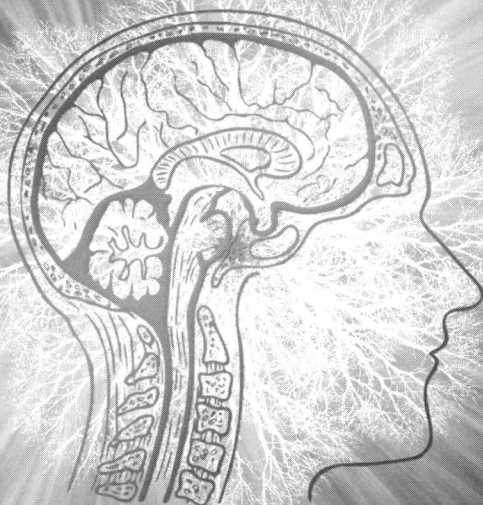

第一节
记忆宫殿起源

———————

掌握了高效记忆的原则相当于掌握了高效记忆的"道"，而这个章节我负责具体传授给大家记忆实践的"术"，讲述记忆时所需要学习的各种具体技巧。

学习的目的是应用，而应用往往是需要记忆作为推论和解决问题的前提条件的，如果没有一个好的记忆力，应用知识的时候，就会严重地依赖资料搜索。在前面的章节中，我还提到一个观点：复杂知识的理解和应用都需要以前置知识的记忆作为支撑。

在这里我给读者几个问题，引导大家思考，希望读者可以在阅读的过程中自己找到答案。

问题 1：记忆宫殿作为世界上最强大的记忆系统，该如何去学习呢？

问题 2：为什么记忆宫殿的效果如此强大？

问题 3：记忆宫殿到底是一个具体的形式（提前在脑海里背下大量的地点序列），还是一种随机应变的能力呢？

古希腊抒情诗人西蒙尼德斯受命出席一场由一个叫斯哥帕斯的人举办的宴会，并朗诵赞美主人的诗歌。诗人们常常让人难以捉摸，在他的诗中，西蒙尼德斯增加了赞美卡斯托尔和波吕克斯这对双子星的诗句。斯哥帕斯很不高兴，就说他只付一半的费用："至于那另一半，就找那孪生兄弟要去吧。"

过了一会儿，有位仆人来到大厅。他低声对西蒙尼德斯说，外面有两位年轻人，指名道姓地要见他。

他起身离开了宴会厅，到处寻找那两位年轻人，但是不见他们的踪影。

他转过身，准备回去继续用餐，突然听到一阵可怕的声响，是石头爆裂和粉碎的声音。宴会厅的屋顶塌了下来，他听到人们在垂死中的喊叫。所有参加宴会的人中，只有他一个人幸免于难。

作为宴会的唯一幸存者，西蒙尼德斯需要帮助其他死者家属辨识不同位置上的尸体分别是谁。西蒙尼德斯发现了一个奥秘：人的视觉记忆能力远胜于对抽象文字的记忆能力。他凭借空间位置回忆出了不同位置上被石头压得血肉模糊的尸体是谁，他也此发明了一种记忆方法：记忆宫殿。

最初的记忆宫殿是这样的：先背下空间中连续的地点位置，反复复习直到牢固地将其储存在脑海里，在使用时，将抽象文字转化成具象词安置在地点上。欧洲人将抽象词转化成的图像称为"表象"。记忆文章时，先将文章的关键词提取出来，然后把抽象的关键词转化为"表象"，按顺序安置在不同的位置。这样操作就可以实现连续地记忆长信息。它的记忆原理：利用不同的地点位置的不同图像作为记忆的存储序列，再分别记忆提取的关键词，将抽象的关键词转化成"表象"，安置在连续的地点位置上（这些地点位置叫作地点桩，即一种记忆的桩子）。

现在我们可以体验一下使用古典记忆宫殿速记信息的案例。

记忆一串人名：杨素萍、潘晓娟、车路、何云霞、郭川、吴莎、严夏红、方欣、王晓正、徐小明。

让初学者编制一个很长的图像故事去记忆这么长串的人名是不太实际的，而且故事的长度过长容易掉链子（忘掉其中一个，后面都无法想起来），所以比较舒服的方式是使用记忆宫殿技术。

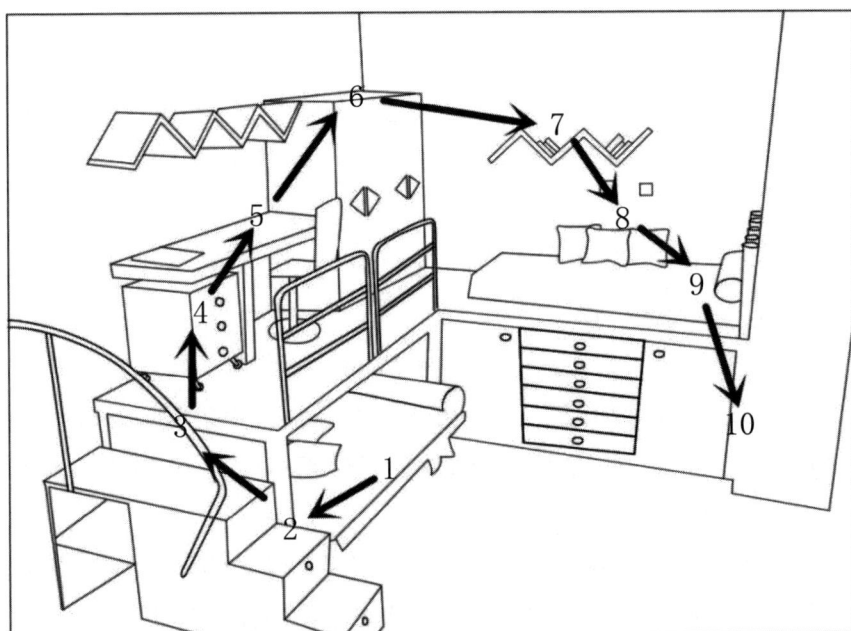

这是我大脑中提前记住的记忆宫殿，在其中按照顺时针的顺序，我将在 10 个连续的地点上安置我要记忆的人名信息（将以上抽象名字转化成图像和地点桩结合）。很多记忆宫殿的学习者，最初都会将脑海里记忆过的所有地点位置的集合称为记忆宫殿，其中任何一个位置都称作一个记忆桩子。注意：使用记忆宫殿的前提是我们已将它牢记于心。

记忆操作示范：

序号	记忆桩子	记忆信息	联想记忆
1	床	杨素萍	躺在床上仰着看书，床是一个平面（杨素萍＝仰书平）。
2	楼梯	潘晓娟	在楼梯这里放一个盘子，里面有许多小卷肉，宠物狗过来吃（潘晓娟＝一盘小卷肉）。
3	扶手	车路	玩具车在路上走撞到了扶手（车路＝车在路上）。
4	柜子	何云霞	和别人一起合力把柜子运下楼梯去（何云霞＝合运下）。
5	玻璃杯	郭川	把玻璃杯传过去，给别人喝水（郭川＝传过去）。
6	衣柜	吴莎	想象自己把乌纱帽挂进衣柜里（乌纱帽＝吴莎）。
7	书架	严夏红	把书架上的书取下来，放在眼睛下方看，看到眼睛布满血丝通红（严夏红＝眼下红）为止。
8	方形枕头	方欣	四方形枕头（方欣＝四方形）。
9	床头枕	王晓正	国王望着床头的小枕头走过去，躺在枕头上（王晓正＝望小枕头）。
10	墙壁	徐小明	墙壁上有许多小亮片，明亮发光（徐小明＝许多小亮片，明亮）。

地点桩的优点是它的数量是无限的，因为我们去过的地方很多，可以无限地积累。地点桩缺点 1：都是由一些同样的事物组成，比如：桌、椅、板凳、床等，需要花时间区分，否则容易记混。缺点 2：我们必须提前把地点之间连续的顺序背下来才能使用，否则如果桩子都记不起来，就无法回忆记忆的内容了。由于

地点桩完全是靠死记硬背的，记忆难度较高，而且要经常复习维护，对时间的消耗很大。我的一个学生曾提到过，如果我为了记忆知识提前去背几千个地点桩，可能高考结束了，我还没把这些地点背下来。

第二节
初学者对于记忆宫殿的误解

由于古典记忆宫殿有一定的表演价值，所以很多人对于记忆宫殿产生了重大的认知偏差。

误解一：提前背下来地点桩子越多的人，他的记忆宫殿就越大，这个人记忆能力就越强。

误解二：记忆宫殿是一个庞大的建筑群，然后用它们去容纳需要记忆的知识。

误解三：记忆宫殿可以轻易地通过认知速成。

古典记忆宫殿具体应用到学习上的三个问题：

第一，为了记忆更多的知识就得提前去背诵连续的空间地点，对于天天坐在学校或者家里学习的学生，他们根本没有这个条件（提前背诵地点，然后用地点去记忆知识）。此外，为了记忆信息就要不断地背地点，这是一条永远无法得到解脱的道路。因为地点一旦用过了，记忆别的信息上去容易混淆。这种操作方式对于这个时代需要记忆海量知识的学生而言，实用性真的不高。所以为了背知识先出去背地点的学习模式像一场无尽的折磨。

第二，由于提前背诵的地点之间不具备关联，都是桌子、床、沙发、板凳等，如果不非常细心地去观察这些地点的特殊性，容易遗忘和记混、记错。

第三，提取信息困难。我曾将一道考试题的答案放在我大脑里 421 号房间（里面有 10 个提前背下的地点位置），等到我考试需要答题时，我需要先不断在脑海里搜索不同的记忆宫殿房间，从 401 想到 402、403、404……最终当我回想起自己记忆的信息在 421 号房间时，已经过去十几分钟了。在面对考试时，这种方法显然没有太多的价值，所以从学习记忆宫殿的初期，我就放弃了古典记忆宫殿技术。

为了应对更为海量知识的记忆和学习，我花了十多年时间去研究现代记忆宫殿技术，将古典记忆宫殿在技术上进行改良，终于将其用到学习中。

记忆宫殿并不是一个脑海里提前背下来的建筑群，它是一个隐喻，代表你对于知识的记忆存储和回忆提取体系，而不是某种具体的形式（脑海里提前背下的建筑群），记忆宫殿的学习者必须在认知上升级对记忆宫殿的理解，才能真正成为应用型记忆宫殿的高手。

我们可以这么去理解：**记忆宫殿本质是一种随机应变的能力，能够将身边的万事万物化为记忆的储存空间。**

一个人了解所有的健身形式和手段，也不代表他是一个力量很大的人。类比到记忆宫殿，不管你背诵了多少房间里的地点，给你一个简单的题目，你记不了，你的记忆宫殿地点桩就是毫无意义的，或者说你用你的记忆宫殿记了信息，只能应付一个简单的表演，无法在不提前准备的情况下记忆任何你想记忆的信息，并且在一定时间后能轻松、稳定地回忆提取所记忆的内容，它只能是一个花架子而已。

现代记忆宫殿定义：**万事万物、世间所有的序列都可以是我们的记忆宫殿，记忆宫殿是一种包含很多基本功的能力，这些基本能力的组合应用构成了记忆和回忆体系，等到我们需要记忆或提取的时候，借助我们身边的万事万物作为记忆宫殿来辅助我们达到目的。**

举个例子：某一天我看到了一个知识，这个知识是关于人说话的三个原则：真话、真诚；必要性（这句话有没有必要说）；是否善意。我将核心信息压缩成一个口诀：真必善。这时候我看到我家门口的一面墙壁，当时装修师傅在墙壁上打洞，墙壁上震动，散落灰尘（壁震散＝真必善；谐音转化图像）。于是当我需要回忆说话的三个原则时，我看一眼我家的墙壁就可以复述了。

中国有句古语：君子善假于物也。意为君子的资质与一般人没有什么区别，君子之所以高于一般人，是因为他善于利用外物。善于利用已有的条件，是君子成功的一个重要途径。现代记忆宫殿和这句中国的古语非常契合，不追求某种具体的形式，身边的万事万物、序列都能为我所用，帮助我记忆我想记忆的知识。

有小朋友问我 speed（速度）这个单词如何快速记忆，我环顾四周看到一辆电动摩托车，就告诉他那辆车子可以赛跑，车手赛跑（sp）前踩油门会发出："砰砰砰"的声音，很吵耳朵（ed），中间两个重复的 e 可以机械记忆。这个小朋友几秒钟就记住了这个单词的拼写和含义。我把自己的能力训练到可以一边带着小朋友在环境中玩耍，一般利用环境中的万事万物去记住想记住的知识，这种能力没有几十万次的训练是很难达到的。

你经历过的一件事情也是你的一个记忆宫殿。

记忆实践案例：

坚持节约资源和保护环境的基本政策：把节约资源放在首位；坚持保护优先自然恢复为主，着力推进绿色发展，循环发展，低碳发展；形成节约资源和保护环境的空间格局产业结构，生产方式，生活方式等。

我对这三条做一个关键词整理压缩：资源节约、自然恢复、绿色、循环、低碳、保护环境、空间格局。

我把我打包饭店的食物带回家这件事当成我的记忆宫殿，去记忆这道题的关键词。

第一步，我打包饭店吃剩的食物——资源节约（不浪费食物，节约食物资源）。

第二步，我吃完饭后骑着电动车压过小区路边的草皮——草皮被压弯又恢复成直立的形态（自然恢复）。草皮是绿色的，车轮是一个圆圈（类比循环），电动车不排放尾气是低碳（低碳）。

第三步，我回家先走到我家小狗的狗屋里，把打包的食物放进去。我在食物下面垫上一张纸皮，垫上纸皮后，狗狗吃完剩菜，抽走纸皮可以保护家里的环境（保护环境），家里地板会比较干净。狗屋是一个空间，狗盆是格子状（空间格局）。

第三节
记忆宫殿为什么更高效

———

记忆宫殿更符合高效记忆原则，因为记忆宫殿的桩子和抽象词转化的"表象"都是具象的高辨识度信息，而抽象的文字不符合高效记忆原则。

跟我学习记忆技巧的大多数人都是奔同一个核心问题而来的，这个问题就是：**他们用机械重复去记忆信息时，非常容易把类似的信息记混，而善用记忆宫殿技巧的人，并没有这种障碍。**

记忆宫殿解决的第一个问题：记忆混乱。

有一个经典的段子是这样描述背书日常的：

看书：马冬梅。

合上书：……马什么梅？

打开书：马冬梅!

合上书：……什么冬梅？

打开书：马冬梅!

合上书：……马冬什么？

打开书：马冬梅，记住了!

考试时：什么来着？孙红梅。

我们在学习过程中也难免遇到以下背书的情况：

管理我的人很多……

我管理的人很多……

管理我的人让我很烦……

我希望没有那么多人管理我……

我必须管理好我的生活……

管理规划大纲的编制依据……

管理规划大纲的编制工作程序……

管理实施规划的编制依据……

管理实施规划的编制工作程序……

当大量很类似的材料出现在我们眼前的时候，我们单凭理解和机械记忆能力是很容易陷入记忆混乱状态的，而依靠图像记忆类似材料是不会混乱的。

举个例子：依靠图像记忆两个动作。

提前准备：一个人对我丢东西，而我提前做接住这个准备动作。

准备出发：一个人收拾行李，这是准备出发去旅行的图像画面。

经验分享：即使两组抽象词很类似，它们都包含准备这个词，但是转化出来的图像画面差异性很大的，而这种差异性让我们使用图像记忆时，不容易发生类似的词汇形成记忆混淆的情况。

记忆实践案例：

运用图像记忆来区分并记住相似的单词。

分析：先记住基础单词再记忆其他单词的差异点。

单词	差异点	图像联想记忆
statue 雕像	—	石头（st）雕像奥特（at）曼的右耳（ue）没雕刻完的画面。
stature 身高	r	r 像量身高的仪器，想象用仪器给雕像量身高。
statute 法规	t	想象一个小孩踢（t）烂雕像，要用罚跪（法规＝罚跪）来惩罚他。
status 地位	ue → us	us 是"我们"的英文；我们观看雕像站在不同的地点位置（地位＝地点位置）。

记忆宫殿解决的第二个问题：记忆长度和负重。

当用机械重复去记忆信息时，大多数人能记忆的长度都很短。例如：以前用机械重复去记忆歌词时，我只能记住歌曲中高潮部分的三五句，一旦超过一定的长度，回忆时就断链子了。

一些掌握记忆技巧的人可以用联想记忆编一些短的图像故事，记忆 3—6 句话的信息，但更长的信息是很难记忆的。

记忆宫殿因为具有连续的序列，所以能串联起更长的信息，所以它解决了记忆负重和记忆长信息的问题。

记忆实践案例：

坚持独立自主的和平外交政策：把国家主权放在第一位，坚定地维护我国的国家利益；从我国人民和世界人民的根本利益出发；坚持各国事务由本国政府和人民决定；主张和平解决国际争端和热点问题；不以社会制度和意识形态的异同决定国家关系的亲疏；坚持不同任何大国和大国集团结盟。

关键词整理：（题目）自主、外交，（答案）主权、根本利益、事务决定、争端、关系、结盟。

我使用生活中一个见到的序列作为桩子：篮球、篮球架、晾衣绳、音箱、广场舞阿姨（小区的球场边上每天都有一些阿姨在跳舞）。

序号	地点桩	关键词	联想
1	篮球	自主、外交	打篮球脚崴（外交＝崴脚）了，靠在柱子（自主＝柱子）上歇息，不能继续打了。
2	篮球架	主权、根本利益	篮球架上面有个篮筐，有一个网子圈住（主权＝圈住）篮筐，篮网里有一根根的线（根本利益＝根利＝根里）。
3	晾衣绳	争端	两个人争夺晾衣绳的使用权，晾衣服发生争端（争端）。
4	音箱	关系	音箱后面有细的电线管（细管＝关系）。
5	广场舞阿姨	结盟	跳舞认识的两个广场舞阿姨在篮球场上拜把子——歃血为盟（结盟）。

经验分享：用记忆宫殿序列记住关键词后，辅助以机械记忆和逻辑记忆复述完整内容。

第五章

记忆宫殿的
基本功

CHAPTER5

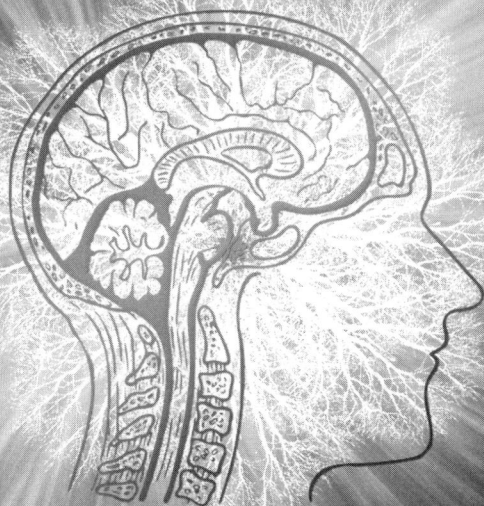

第一节

记忆宫殿技巧学习框架

————————

记忆技巧学习的宏观框架：

1. 转化技巧（将抽象信息转化成图像）

2. 联结技巧（通过联想建立信息间的联系）

3. 定桩（以记忆宫殿的各种桩子作为索引，回忆索引上的信息）

4. 整理技巧（对信息进行整理，让信息更方便记忆和复习）

5. 发散思维技巧（围绕一个点进行思维发散的能力）

6. 综合应用（记忆无定法，当记忆宫殿的基本功很娴熟之后，根据所记材料的特性综合各种基本功技巧，随机应变地去记忆信息）

第二节

转化基本功

————————

书上 90% 以上的文字以抽象的形式存在，所以必须拥有轻松将抽象词转化成具象词的能力才能高效记忆信息。

转化技巧定义：将抽象信息转化成高辨识度的图像。

我们回忆信息的时候，**有两种模式：自由回忆和线索回忆**。没有受过训练的普通人，大都是机械记忆信息，这是很困难的。换句话说，自由回忆提取信息的难度会比较大。而图像记忆是线索回忆（将信息转化成一个可视化的视觉图像作为稳定的回忆线索）。有了图像作为回忆线索，我们的大脑就可以根据这个线索不断反刍（俗称倒嚼，是指某些动物将半消化的食物从胃里返回嘴里再次咀嚼）同一个知识。

普通人使用机械重复记忆学习可能会出现以下两种情况：记得快、忘得快，自由回忆不稳定；记得慢、忘得快。

很多学生由于长期机械记忆信息之后，回忆信息的障碍较大，导致对背诵产生抗拒，甚至厌学。有很少的一部分人的先天机械记忆能力比较强，在学习过程中会比较有优势，而这类人的比例比较低。大部分人年幼时的机械记忆能力更强，随着年龄的增大而减弱。

学好记忆宫殿的基本功转化技巧，可以帮助大多数普通人摆脱机械重复念这种记忆方式，重拾对学习和记忆的信心。

关于转化技术的误解

很多未曾接触过记忆术的人认为，将抽象词转化为图像这个过程，经常会使用到谐音技巧，而谐音出的图像和该词的实际含义没有逻辑关系，所以记忆术是一种不科学、不严谨的技术。如果不纠正这种认知，后续的一切学习都无法进行了。

我们把需要学习的知识分类为强逻辑、中逻辑和弱（无）逻辑三类。

强逻辑知识本身具有一定的逻辑链，可以根据信息自带的逻辑链进行联想记忆。当这类知识存在的时候，我们很轻松就可以快速记住它们，但这种自带逻辑链的强逻辑材料数量并不多，需要巧合才能碰得到。

强逻辑性的记忆材料本身就比较容易被加工成符合记忆原则的形式，甚至不需要做谐音出图的转化。但是实际的学习过程中，大多数时候材料都是不规则的，如果不使用谐音技巧处理，大多数材料不可能满足高效记忆的条件，这就是谐音技巧必须使用的原因。

强逻辑材料记忆案例：

单词词组记忆：look after 照顾——look 是看，after 是在什么后面，保姆照顾孩子是在孩子身后。

经验分享：根据信息自带的逻辑进行联想，轻松记住了这个英语短语。

中文材料记忆：合同、设计、成本、施工、工程质量监督、评价、价值。

记忆思路：类比到装修的逻辑链去记忆，装修的时候先和装修公司签合同（合同），接着装修公司设计师设计（设计）装修图纸，然后装修的工长去买装修建材，这是装修的成本（成本）。工人用建材进行施工（施工），施工过程每一个阶段结束，装修公司都会派一个质检人员进行工程质量监督和检查（工程质量监督），这样就避免了施工质量差的问题。装修公司的质检员检查完最后一个施工工序后，就会通知公司收装修尾款，这个尾款算是一种价值（价值）。

这种强逻辑性材料记忆起来难度系数很低，如果实践者有很好的逻辑思维能力，就可以轻松把它们关联起来。

中逻辑知识在含义上有明显的逻辑性，但是不同的答案之间是并列的逻辑关系（没有天然的逻辑关联性），必须通过一定的技术手段把它们关联起来才记得住。

中逻辑材料记忆实践案例：

坚持对外开放的原因：是对中国发展历史经验教训深刻总结的结果；是顺应经济全球化大势和科技发展机遇的客观要求；是为了借鉴和吸收人类文明的一切优秀成果；是加快社会主义现代化建设的需要。

这个知识点中的几点在逻辑上并列的（互不相关），但是信息的词汇大都是有明显逻辑含义的，可以通过技术手段将信息转化为一个有两两关联和逻辑链的电影画面。

关键词整理：坚持对外开放、经验教训、顺应大势、借鉴吸收、建设需要。

记忆联想：米粉店的老板早上不打算开门，老板娘坚持开门做生意，门打开以后对外面的客户开放了（坚持对外开放）。大家进来吃米粉，第一个进来的顾客踩到门槛摔倒，第二个顾客吸取了他经验教训（经验教训），小跳过门槛进到店里。店里的顾客很多，外面的顾客顺应大势（顺应大势）都进入同一家店吃米粉，周围的米粉店没人进。周围米粉店的老板作为商业间谍乔装打扮进来，目的是抄袭生意模式。他一边吃米粉，一边用手机偷拍店内装潢，然后回去按照这些照片来改造自己的店面，这是借鉴吸收别人门店装修成果的过程（借鉴吸收）。装修新的店铺需要买回来很多新建材（建设需要），于是老板开车去买建材。

这道题的关键词被我转化成了现实中人的行为。人的行为动作也是一种图像，这道题的四个答案之间本身是没有关联性的，关联性是通过记忆技巧强行构建的。

弱（无）逻辑知识没有太多实质性的逻辑含义，需要当事人背下来，或者信息本身有逻辑，但是按照信息的本身逻辑无法出图。就像前文中我提到的那样：很多信息的逻辑范围非常宽泛，它们是出不了具象画面的，为了记住它们，不使用谐音出图是做不到的。

弱（无）逻辑材料实践案例：

中医《针灸学》口诀：少商鱼际与太渊，经渠尺泽肺相连。

分析：使用一定谐音转化时，尽可能建立谐音图像之间的熟悉的逻辑关系，减少复习压力。

记忆联想画面：少年的商人卖鱼时，伸手去水盆里抓鱼。没抓稳，手把鱼挤得太远了（少商鱼际与太渊；鱼际＝鱼挤，太渊＝太远）。买鱼人把鱼拿回家，进去厨房，煮鱼来吃，一边吃着鱼，一边看鱼腹内的肺泡相连着（经渠尺泽肺相连；进去＝经渠，尺泽＝吃着，肺相连＝肺泡相连）。

经验分享：对于这种弱（无）逻辑材料，建议按照前文中的分块组合原则去处理。

我花了大量的篇幅介绍这些内容，是希望帮新手打通关于记忆技巧学习的认知误区。记忆宫殿的学习就像一座山上有无数个陷阱，如果没有经验丰富的猎人带你上山，是非常容易掉入认知陷阱的。

好的转化习惯培养

培养应用型记忆高手首先要从好的记忆习惯开始。如果养成了坏的操作习惯，当事人是很难自我发觉并改过来的。

习惯 1：纵观全局

很多初学者喜欢一看到记忆材料就圈关键词、转化图像。这种盲目求快的记忆转化习惯不好，因为没有一定的逻辑性的联想不利于长期记忆储存。当我们有纵观全局去构建联想的习惯时，我们能拥有更强的记忆能力。这就好比一个将军打仗前会先纵观全局，而盲目求快的人像一个鲁莽士兵，盯着局部的一个点就开始思考问题，后者的战绩绝不会好。

记忆实践案例：

实践对认识的决定作用：实践是认识的来源；实践是认识发展的根本动力；实践是认识的最终目的；实践是检验认识正确与否的唯一标准。

关键信息：实践、认识、决定、来源、动力、目的、标准。

分析：先通过这些关键词整体去感觉一下，再构思联想。我的整体想法是用打篮球这件事来记忆。

记忆联想：打篮球的时候，我切换不同的投篮姿势，然后通过命中率来决定自己使用哪种投篮姿势。这个过程就像实践对认识的决定作用（实践、认识）。通过实践后，我决定了用向上拨球的姿势来投篮。打完篮球，我会去水龙头喝水。水龙头是水的来源（来源）。扭开水龙头，水有向下冲的动力（动力）。看我打球的学妹给我递毛巾擦汗，但是真实目的是问我要联系方式（目的）。我找对象有身高标准（标准）：身高必须到我的鼻子。

经验分享：通过纵观全局去构建联想，这一开始会比较困难，初学者可以从 2~5 个词开始训练自己。

坏的记忆习惯举例：

关键信息：实践、认识、决定、来源、标准、动力、目的。

快速编码图像：实践＝时间＝手表、认识＝名片、决定＝硬币（抛硬币做决定）、来源＝圆瓶子的牛奶瓶、标准＝飞镖、动力＝马达、目的＝墓地。

记忆联想：手表缠住名片，在名片上丢一个硬币滚动，硬币滚过去撞倒奶瓶，奶瓶上扎入飞镖，飞镖射穿马达，马达砸墓地。

这种方法直接把抽象词转化出图，然后用动作串联，建构联结记忆信息的方法叫作锁链法（不考虑编的联想是否有整体的逻辑关系，只根据局部的词汇进行思考）。这种方法对实用学习型的记忆帮助不大，只有在实在想不到比较合理联想时作为保底手段使用。

习惯 2：编码笔记 + 重合

备考时，如果用转化记忆所学的知识，要对转化过的联想图像做个简易的编码笔记。我们记忆一个信息之初，就要把记忆的时间分割成 4~5 份去间隔复习（这样才能形成稳定的 LTP）。复习时，很多人会忘记之前做的联想，如果我们做了编码图像的笔记，复习时脑海里的画面和最初制作联想的画面重合，就可以更快形成牢固的长期记忆。

习惯 3：贴近而不强求

我们必须明白记忆术中转化的本质是将抽象信息转化成图像，而这个图像只是一个比较近似的回忆提示，不可能总是百分之百贴近的。如果追求每次转化的图像都百分之百贴近抽象词的话，转化速度就会非常缓慢，这种转化的思维习惯是不合理的。反之，如果转化的时候过分随意，转化的图像非常不贴近，就会导致回忆困难，这种转化的思维习惯也是不合理的。**这两种极端的转化思维习惯都不好，折中是最好的。**

人的记忆是流动的（不断变化的过程），**当我们的大脑有一个可视化的、强烈的图像回忆提示时，回忆信息的难度本身就已经大幅度下降了。**如果吹毛求疵地去认为自己转化的图像一定会出现某种回忆错误，这种强迫思维就会导致无法使用转化技巧。这种思维好比打造了一个"思维牢笼"，然后自己钻进去，谁拉都不愿意出来。

我的某个学生说：假设把"荣耀"编码成"奖杯"，我回忆的时候可能会回忆成"奖励"，所以这是回忆不出来的。我告诉他："如果你觉得回忆不出来就换一个或者调整一下。**这个图像只是一个强烈的回忆提示，即使你回忆出错了，你反复重复，强化几次也能记住这个图像是回忆出什么抽象词的。**"

不要不允许自己回忆出错，百分之百完美的转化和记忆技巧不存在，刻意地追求完美只能陷入低效。可能很多读者认为我夸大了这种思维习惯的副作用。说实在的，这么多年了，我看过无数这样强迫性思考的学生。比如，一个学生将一个抽象词"聪明"转化成图像"诸葛亮"（他认为诸葛亮是聪明的代表）。我的另外一个学生说：我会回忆成"智慧"。我说："**你记忆的抽象词信息一般都在一个大信息版块的逻辑整体里，你是可以通过信息的整体逻辑盲猜出来的（回忆的词汇是智慧还是聪明），不要认为自己的逻辑推导能力为零。**"

转化不是一个完整的学习过程，只是给予我们一个强烈的回忆提示。人的回忆是动态的，我们只是用这种提示物加快了记忆速度和回忆强度，并不是一次性就永远不出错。我们的机械记忆能力在图像回忆提示的基础上，能更好地发挥作用。不是我们用了图像作为回忆提示，就不需要机械记忆了。

转化的三个核心技巧

三个核心转化方法：逻辑含义转化、谐音转化、动作转化。

逻辑含义转化：将抽象词按它的逻辑含义去转化成图像。我们可以根据自己的人生经验转化出符合个人偏好的编码图像。

例如，当看到抽象词"缓慢"，我会通过词的逻辑含义联想到乌龟。其他人也许会根据他们的经验将这个抽象词转化为蜗牛或别的事物。每个人看到抽象词然后联想到的事物都会因为个人偏好而不同。

逻辑含义转化词汇举例：

词汇	逻辑含义转化	词汇	逻辑含义转化	词汇	逻辑含义转化
修改	涂改液	聪明	诸葛亮	容纳	杯子
扩大	喇叭	卫生	卫生纸	联系	手机
固定	图钉	锻炼	哑铃	控制	遥控器
速度	猎豹	凶猛	老虎	公正	包公
采购	购物车	和平	鸽子	—	—

我把象形也归类到逻辑含义转化之中，这是一种来自外形的逻辑含义。比如：3= 耳朵，4= 国旗，5= 钩子等。

谐音转化：将抽象词根据它的发音转化成图像的方法。

谐音转化词汇举例：

词汇	谐音转化	词汇	谐音转化	词汇	谐音转化
欺骗	漆片	喜欢	稀饭	简单	煎蛋
募集	木屐	主义	竹椅	性质	信纸
概率	绿盖	昌盛	长绳	逐渐	竹简
达到	大刀	其实	骑士	宽限	宽线
计划	润滑剂	痛苦	直筒裤	—	—

动作转化：将抽象词转化成为动作。

动作转化词汇举例：

词汇	动作转化	词汇	动作转化	词汇	动作转化
全集	拳击	交换	交换戒指	简单	煎蛋
比较	两个人比身高的动作	模拟	抹泥	富强	扶墙

词汇	动作转化	词汇	动作转化	词汇	动作转化
誓言	举起三根手指发誓的动作	吸取	吸奶茶的动作	打算	打算盘
突破	运球过人	—	—	—	—

记忆实践案例：

大脑特性：独特性、完整性、发散性、双重性、聚焦性、探索性。

我将这六个特性转化成一个秃头大叔，如下所示。

独特性：外表很独特，鼻孔朝天。

完整性：头发秃顶不完整。

发散性：头发散开。

双重性：双耳长得一个样，外形重复。

聚焦性：嘴巴咀嚼，嚼东西（咀＝聚，嚼jiao＝焦）。

探索性：鼻子可以探索气味。

大家可以尝试闭上眼睛想象这个大叔的画面，看自己能够复述出多少大脑特性。

初学者常常会问一个问题：为什么我转化了图像也回忆不出来？

原因主要是不贴近或者没有画面。贴近分为两种：一是逻辑含义上贴近。二是谐音发音上贴近。

案例展示：

词汇	转化	解析
和平	鸽子	逻辑含义上我们经常认为鸽子象征和平，是比较贴近的。
高雅	高压锅	发音上贴近。
及时	赛车	含义上不够贴近，难回忆。
商品生产	三杯参茶	发音不够贴近，难回忆，且数字在大脑中会比较难辨识。

除了转化的图像在逻辑含义或者发音上不够贴近，最常见的错误就是将抽

象词转化成了一句抽象的话。这种操作很大可能没什么记忆效果，还会成为一种负担。下面来看一个错误案例。

记忆词汇：习惯、爱心、坚持、自信、时间、控制情绪、笑遍世界、价值、行动、信仰。

记忆转化画面：爸爸有一个（习惯），这个习惯源自他对孩子满满的（爱心）——每天（坚持）给孩子一个鼓励。孩子于是对自己越来越（自信）了。（时间）过去，孩子长大了，他成了善于（控制情绪）的 CEO，他（笑遍世界），世界就给了他（价值）不菲的财富。他用财富（行动）于救助贫民，贫民（信仰）他是救世主。

这是我的一个学生做的联想，这个联想是很难回忆的。比如：爸爸有一个（习惯）。这种造句实际上没有画面，是一个抽象的陈述，相当于我们把一个抽象词转成了一个抽象的句子，而后面其他操作和这个操作一样，都是抽象地造句，这样训练没有价值。

再来看一个正确的案例。

记忆词汇：习惯、爱心、坚持、自信、时间。

记忆联想：我想象自己用左手吃饭的画面，这是我的（习惯）。吃饭的时候，我妈给我夹喜欢吃的菜，这是母亲对孩子的（爱心）。夹的菜是鱼肉，鱼肉上有尖锐的刺（坚持＝尖刺）。吃完饭后，我骑着自行车（自信＝自行车）去上学。因为怕上课迟到，我一边骑车，一边反复地看手表上的时间（时间＝手表）……

我将这些抽象词转化成我（高中时代）吃完午饭去上学的画面，这个事件中每一个抽象词都有对应的画面去帮助我回忆它。

经验分享：前期刻意做一些单个词汇转化的练习，每天定量训练。我最初是每天定量训练 60 个，一定周期后（2~3 个月）就可以形成比较好的图像转换思维习惯，看到抽象词就能有比较快的图像转化感觉。你可以从自己的专业课或者学校考试需要记忆的书中寻找抽象的关键词进行转化训练。

记忆词汇：干净、开明、率先、繁杂、忙碌、建设、合格、昌盛、诱惑、无奈、合理、散开、平台、严格、放心、建议、权利、逐渐、尴尬、达到、审批。

以上文字是我从专业书籍中圈出来的关键词，接下来进行转化训练。

词汇：干净

逻辑含义转化出图：纯净水桶

谐音转化出图：干毛巾

动作转化出图：擦干净脏玻璃

经验分享：真实的记忆过程中，你随便选择三个转化中的一个即可。

当单独词汇训练到一定程度，能力比较强了，我们就可以开始练多个词汇的转化训练，纵观全局去构思多个词汇的联想，让它们具有一个逻辑上的整体性。

记忆词汇：干净、开明、率先、繁杂、忙碌。

转化画面：把脏衣服放进洗衣机洗干净（干净）。打开洗衣机开关，会有指示灯明亮（开明）。衣服洗好后拿出来先甩（率先）一下水。衣服繁多杂乱（繁杂）地缠绕在一起。晾衣服时，周围人还在给我递更多的衣服，让我非常忙碌（忙碌）。

经验分享：每天从书中圈下一些抽象词进行定量训练，训练的词汇量累积到一定程度后，你会发现：词汇转化从开始的思考系统运作进入记忆系统运作，你的转化速度就会很快了。很多初学者进行转化训练会因最初思考系统运作的卡壳、缓慢和易错而心态崩溃，从而放弃了这种技巧的学习。实际上，只要经过一定时间的坚持，大家都有可能成为顶级记忆高手。

记忆实践案例：

水利水电工程及其水工建筑物耐久性设计应包括下列内容：提出解决水库泥沙淤积的措施；明确工程及其水工建筑物的合理使用年限；确定建筑物所处的环境条件；提出正常运用原则和管理过程中需要进行正常维修、检测的要求；提出有利于减轻环境影响的结构构造措施及材料的耐久性要求；明确钢筋的混凝土保护层厚度、混凝土裂缝控制等要求；提出结构的防冰冻、防腐蚀等措施；提出耐久性所需的施工技术要求和施工质量验收要求。

我将标题内容转化为一个水力发电大坝如下。其中，水利水电工程＝水力发电站大坝；建筑物耐久性＝布满青苔的大坝，证明这个建筑已经很耐用且用了很久了。

接下来，我们进行具体的联想记忆。

内容	重点提取	记忆联想	图像
提出解决水库泥沙淤积的措施	泥沙淤积	当水库旱季来临的时候，挖掘机在挖掘水库里的泥沙淤积。	—
明确工程及其水工建筑物的合理使用年限	年限	发电站发电需要通过电线导电，所以大坝连着电线（连线＝年限）。	—
确定建筑物所处的环境条件	环境条件	电线连着电线杆，电线杆属于一个建筑物，马路边是电线杆的环境条件。	—

内容	重点提取	记忆联想	图像
提出正常运用原则和管理过程中需要进行正常维修、检测的要求	维修、检测	有一个师傅爬上电线杆上去维修和检测（正常维修、检测的要求）电线杆是否正常。	
提出有利于减轻环境影响的结构构造措施及材料的耐久性要求	减轻环境影响、结构构造、材料的耐久性	电线杆上贴着很多牛皮癣广告，电线杆下面有很多动物留下的粪便，工作人员扯掉牛皮癣并清理垃圾，减轻它们对周边环境的影响（减轻环境影响），这个电线杆是钢架结构（结构构造），部分钢材生锈了，需要刷上一层漆来保护它让它们更具耐久（材料的耐久性）。	—

内容	重点提取	记忆联想	图像
明确钢筋的混凝土保护层厚度、混凝土裂缝控制等要求	混凝土保护层厚度、裂缝控制	电线杆的电线通往各种高楼大厦，高楼大厦是钢筋混凝土结构。人们在房屋的混凝土结构刷上水泥和腻子进行保护（混凝土保护层厚度）。水泥在太阳的照射下热胀冷缩产生了一些裂缝（裂缝控制）。	
提出结构的防冰冻、防腐蚀等措施	防冰冻、防腐蚀	混凝土高楼里面到处都有排污的下水管道，这些管道由于长期被污水冰冻和腐蚀而老化，有一些钢管已经锈迹斑斑（防冰冻、防腐蚀）。	—
提出耐久性所需的施工技术要求和施工质量验收要求	施工技术、施工质量验收	请修理水管的工人来修理水管，修理需要施工技术（施工技术），修理好水管之后，房屋的主人需要对工人的施工质量进行验收（施工质量验收），最后才给钱。	

在真实的学习型记忆过程中，我们遇到的材料是不规则的，希望一招鲜吃遍天，结果往往是不理想的。记忆高手的操作要像水一样，在杯中是杯子的形状，在盆中是盆的形状。记忆没有固定的策略，我们要根据材料不同而选择最适合

的手段。记忆这道题时，我既用了逻辑转化，也用了一些谐音转化。

再看一个案例。

我国中小学生应遵循的德育原则：社会主义方向性原则；从学生实际出发的原则；知行统一的原则；集体教育与个别教育相结合原则；正面教育与纪律约束相结合原则；依靠积极因素、克服消极因素的原则；尊重、信任学生与严格要求学生相结合原则；教育影响的一致性和连贯性原则。

分析：这一道题表面上信息量很大，但由于是我们平时非常熟悉的表达，记忆惯性较大，我会选择很简洁地去记，编码一个转化的图像口诀，再反复提取几次，就可以记住了。

信息压缩：方、实、统、集、律、克、尊、信、严、影、致、贯。

记忆联想画面：在正方形的石头（方、实＝方石）地砖上，同一车的乘客下车后集合（统、集＝同集）。他们是旅客（律、克＝旅客）。一个旅客在等导游时，准备拆一包新的烟（尊、信、严＝准新烟），抽的烟是用硬纸管（影、致、贯）包着的。

闭上眼睛想象出画面，然后将画面还原成抽象文字。

通过长期训练，形成图像化记忆的思维习惯。这个训练过程与我们人类熟练运用语言很相似。长期训练的大脑会形成一个抽象词的具象转化库，你的转化库越大，记忆新的信息越轻松。久而久之，你的大脑已悄悄地进行了升级。当你能够非常轻松地将抽象信息转化图像，那么恭喜你，你掌握了一门记忆的语言。

第三节
联结基本功

————

联结：通过联想将信息联系结合在一起的技术。由于人的回忆是线性结构，联结就像构建了信息之间能够互相回忆起对方的记忆桥梁。

在高效记忆的过程中，我们必须对转化的图像进行联结，联结的过程类似于用胶水将两个信息粘起来，而这个联结如果具有强烈的感情刺激或者利用了大脑中已知的逻辑关联（熟悉的关系），这种联结回忆起来就会比较轻松和舒服，再通过一定程度的复习强化就可以牢牢记住，远胜过机械重复的记忆效果。

初学者对于联结会有一种错误的认知，就是我做过的转化和联结必须在短期内一字不差地记住，有一点的回忆瑕疵就很容易陷入自我的否定和对技巧的怀疑，这样是很难学好记忆技巧的。

通过长期实践，我发现：大脑必须在一定的周期内间隔复习自己记忆过的知识四次以上，才能比较稳定地记住，所以最初做好一个知识的转化和联结之后，不用因为当下的回忆效果（复述比较缓慢、卡壳）不理想而过分担忧，能勉强复述出来即可。随着记忆训练者的水平越来越高，可以不断做出高质量的联结，而高质量的转化和联结可以让我们的记忆效果更好。**联想的质量和回忆信息的难度成反比（联结质量越高，回忆难度越低）。**

我把联结分为两类：一是图像联结。二是逻辑联结。

图像联结是将抽象信息转化成图像，然后用动作联结起来。初学者在记忆联结的时候主要依赖动作接触去建立两个图像的联结，而经过一定实用型记忆训练的老手会更多兼顾联结的逻辑性和情绪去做动作联结，因为这样可以强化记忆。

逻辑联结分为有图像的逻辑联结和没有图像的逻辑联结，逻辑联结要结合我们在长期生活中熟悉的认知结构去制作，不是随意地制作动作联结。当然，逻辑联结和图像联结一样也是以动作为主，只是它会考虑这个动作联结是否具有熟悉的逻辑关系。

举例：

词汇	联想	分析
建设、负面	建设一栋楼（豆腐渣工程），一旦倒塌就会出现负面新闻。	逻辑联结：建立抽象词"建设"和"负面"具有逻辑相关性的联结。在这里，"负面"这个词并没有实际的画面，可以通过逻辑关系推理得出。
免疫、支付	去医院打乙肝疫苗（免疫作用），支付医药费。	逻辑联结：这里的逻辑联结是有图像的逻辑联结。

词汇	联想	分析
简单、启示	煎蛋（简单＝煎蛋）塞进骑士（启示＝骑士）的嘴里。	图像联结，通过动作将转化成为抽象词的图像联结在一起。

心理学家米勒发现：人的短时记忆广度为 7±2，即大多数人一次只能记忆约 7 个独立的块，因此数字 7 被人们称为魔数之七。我们利用这一规律，将短时记忆量控制在 7 个独立的块以内，从而科学使用大脑，提升记忆效果。

在图像联结记忆上，这个规律是类似的，所以初学者学习联结从 2 个词汇的联结开始，然后不断过渡到 5 个词汇、10 个词汇、15 个词汇，尽量不要超过 15 个，因为违背规律去练习，一定会适得其反。平时记忆信息时，一定要控制一次性联想记忆信息的长度，记得少就是记得多。

在我的前一本书中，我向大家介绍了人的三种记忆能力：机械记忆能力、逻辑记忆能力和图像记忆能力。在实际的学习过程中，任何一次记忆，实际上都是三种记忆能力结合作用的过程。单纯的机械记忆能力为什么效果不好呢？因为单纯的机械记忆属于自然回忆，没有稳定的索引（图像索引），且回忆的编码信息是抽象的。在记忆练习中，你实践得越多，对这个观点的感知就越深刻，最好的模式是把关键词转化成图像，作为回忆的中心，辅以机械记忆和逻辑记忆。如果图像记忆是把所有信息都转化＋联结，这种记忆技术的使用就很糟糕了，因为我们的图像编码＋联结能力是非常有限的，好钢要用到刀刃上。在实际的记忆训练中，我会花很多时间让学生明确这段文字中论述的观点。

我的一个学生在记忆古文《兰亭集序》时，为了记忆"永和九年"，他将这句话转化成了：永＝马永贞、和＝和尚、九＝猫（九条命）、年＝年糕，然后用动作把这些图像串联起来。我告诉他这样记忆是很低效率的，如果一篇古文有 400 个字，他就得出 400 个图像，低效程度可想而知。好的记忆技巧必然是利用图像作为提示索引，最大化利用自己的机械记忆能力和逻辑记忆能力，在图像提示上进行扩展。如果是我操作的话，我会把这句话转化成酒杯，因为酒杯是用来喝酒的（永和九年＝用来喝酒）。如果总想着逐个字去转化＋联结，我个人的建议是不要学习记忆技巧了，这样不但不能提升记忆效率，还会走火入魔。

记忆实践案例（两两联结）：

词汇	联结
干净、技术	逻辑联结：洗干净鸡肉后(洗鸡肉＝干净)，把鸡肉煮熟(熟鸡＝技术)。
无奈、合理	图像联结：盒子里（合理＝盒子里）装着很多乌黑的牛奶瓶（无奈＝乌黑的牛奶瓶）。
散开、平台	逻辑联结：桌球杆一打，很多球被击中后散开在桌球平台上。
提议、反对	提议通常会受到他人的反对或者认同（具有逻辑关系但是没有实际画面的逻辑联结）。

总结：逻辑联结可能有图像，也可能没有，图像分为纯动作的图像联结和有逻辑关系的图像联结。

建议初学者每天做 30 对抽象词汇的联结，不断增加数量，坚持一两个月。基本功很差的时候，不太建议直接实操学习材料，很容易感到挫败。基本功比较好了，就可以开始提取书上知识点的关键词，进行实战记忆了。

记忆实践案例（5 个词联结）：

词汇	思路分析	记忆联想画面	经验分享
证明、切换、置顶、收集、安置	这些词汇逻辑性很强，很多词可以从逻辑含义角度转化出图＋联结。	电工师傅上门修灯泡，他出示工作证件证明身份后，我开门让他进来。电工师傅把旧灯泡取出来，换上（切换）新灯泡。新灯泡安装在房门的顶部（置顶）。电工师傅收集（收集）好自己所有的工具，把它们安置（安置）在工具箱的卡槽内。	画面虽多，实际上在脑海里想象出来只是一瞬间的事情，所以读者不用过分介意描述的长度，或认为这样增加了记忆量。

词汇	思路分析	记忆联想画面	经验分享
领导、决策、损失、矛盾、应对	如果从整体上思考，可以发现这些抽象词和我们现实中的某些认知结构是对应的，所以不一定要出图去记忆它们。	一般来说，领导（领导）的决策（决策）不是带来利益，就是带来损失（损失），如果造成的经济损失比较大，公司陷入财务危机，就发不起工资，员工就会和领导发生矛盾（矛盾）冲突，外部势力也会趁虚而入。如果没有方案应对（应对），公司就会倒闭。	这种没有图像的逻辑联结有一定缺陷。如果记忆的很多组词汇都具有很相似的逻辑关系，容易产生记忆混乱的情况，而如果有图像，则不会发生这种状况。

记忆实践案例（简短材料）：

执法的特征：主动性、广泛性、具体性、单方性、强制性。

思路分析：执法特征和我以前在路边发宣传广告的特征很类似，所以我从整体思维上出发去构建联想，用发宣传广告这件事去做联想。

记忆联想：我发广告的时候主动（主动性）上去找目标客户递传单。遇到一群人，我会尽可能广泛（广泛性）地发给他们每个人。广告传单上有具体（具体性）的明星形象效果比较好，因为抽象的文字广告会让观众没有阅读欲望。有的传单只是我单方面（单方性）地宣传（刚递到路人手上，对方就扔了）。我捡起被扔掉的传单，然后强行塞到对方手上，这是一种强制性（强制性）的宣传。

记忆实践案例（中等长度材料）：

前运算阶段：早期的信号功能；泛灵论；自我中心；不可逆；不守恒；集中化；刻板性。

思路分析：这个材料中的很多词汇从逻辑含义角度不好出图，我会使用一些谐音转化出图并且联结上后续的信息。

记忆联想：周幽王为博褒姒一笑，点燃了烽火台（自我中心：烽火戏诸侯是一种自我中心的做法；早期的信号功能＝点燃烽火是一种战争信号），戏弄了诸侯，结果是不可逆（不可逆）的。再次点燃烽火的时候，就没有诸侯来救援了。后来犬戎（泛灵＝领反；泛灵论＝领导造反）领导群众造反，集中（集中化）士兵进攻，攻破镐京（不守恒＝不守＝城池守不住），杀死幽王。人们把这一历史事件雕刻在竹简板子（刻板性）上供后人警戒。

经验分享：这里的记忆操作利用了熟悉的历史事件进行对应联想，最大化地实现不记而记的效果。其中，在谐音的同时建立了一定的逻辑关联。很多读者认为这种操作需要耗费很大的心力，实际上我只花了几十秒钟，因为这种训练我已经做了几十万次了。它和世界上所有其他技术一样，都能熟能生巧。我带着一个学生在2小时内用这种方法连续快速记忆了40道教师资格证的考试题后，她感慨道："如果一个人能精通这种技术，在背书这件事情上，普通人竞争起来太吃亏了。"

第四节
整理基本功

通过前面几节的教学，我们会发现，基本每一次记忆实践都需要先对材料做一个简化整理，所以整理技巧对于记忆就像我们平时工作前的工作计划一样重要。

思维分为辐合思维和发散思维。当我们的思维集中于一个中心点的时候，我们会自然而然地脑补出和它相关的一些事物和信息。例如：当我的思维集中于减肥的时候，我会想到药物减肥、抽脂减肥、运动减肥、失恋减肥、节食减肥等，再如：当我想到抱怨的时候，我会想到以下观点，抱怨的目的有情感宣泄的需要；抱怨他人时会获得自身比对方更强的优越感；希望通过抱怨得到他人有可行价值的建议。

当我想起某个同学的时候，这个同学就会成为我脑海中一个记忆聚焦的点，然后对方的性格相关的信息和一些有关他的记忆就自然而然从我的大脑中发散出来。

布鲁诺说：人的记忆就像俄罗斯套娃，一个大娃套着一个小娃，我们利用这个原理，就可以用我们有限的记忆能力去最大化记忆信息。

由于我们的短期记忆容量很有限，如果不整理出核心信息来记忆，让次要信息占据工作记忆内存，就会降低记忆效率。

记忆信息时的整理有两个重点：关键字、词信息；信息之间的逻辑关系的梳理。

对于我们必须记忆的知识，我们可以把它们的关键词记录下来，然后做一些记忆联想，并记录简易的联想编码，然后整理好复习资料，以便于日后复习。

但凡是没有把握一次性永远记住的材料（需要进入长期记忆的内容），我们都必须保留并整理好。整理可能在记忆信息之前，也可能在记忆信息之后。记忆信息之后的整理是为了方便复习。整理信息有局部知识点的整理，以及对所有知识的比较完善的综合整理。可以根据不同情况和目的，进行自己的整理设计。

我们并不一定要让联想符合于信息本身，因为这个世界上类似的事物很多，一味追求和原文信息一模一样的逻辑去构建符合记忆原则的画面，大多数时候是做不到的。我们通过类似的事物去构建联想，就可记住我们想记住的信息。大量实践让我明白一件事：记忆能力和一个人对类似的事物进行迁移记忆的能力息息相关。当我们善于把新遇到的学习材料迁移到已熟悉的类似材料上记忆时，我们的学习、记忆知识速度可以倍增。

我对单词 diligent（勤劳的）构建了联想：在地里（dili）耕田（gent，t 看作 tian）的农夫是一个很勤劳的人。

如果我不做一些简易的整理，可能在下一次看到这个单词的时候就忘记上一次做的联想，然后又重新做一个联想，这样两次的联想不一致，这个单词进入我长期记忆的周期会更长。

整理的笔记：diligent 勤劳的——地里、耕田

我并不会记录整个联想的故事，而只是记录简易的编码，因为我要记忆的信息太多了，如果把完整联想全写下来，记忆一定是低效率的，所以整理材料

和留存复习资料都要尽可能地简洁、快速。在整理记忆材料的时候，我不会选择省纸的模式，抄得密密麻麻，而是留有余地，以便于我日后看到自己整理的复习笔记时不会太过讨厌，从而不愿意去复习它。我的许多笔记甚至是简笔画。在记忆术的世界里，我们并不只是依赖文字记录，很多时候会选择亲手绘制一些联想的简笔画，复习时的回忆效果超棒。

我对常用的整理方法进行分类：关键词整理法；分块整理法；思维导图整理法。

关键词整理法：将信息的关键字、词提炼出来，再进行联想记忆。

记忆实践案例：

把教育摆在优先发展的战略地位的原因；教育决定整个国家和民族的未来，是一个民族最根本的事业；教育是发展科技和培养人才的基石；接受良好的教育，已成为人们生存发展的第一需要和终身受益的财富，甚至决定其一生的命运；教育涉及千家万户，与人民生活息息相关；只有把教育搞上去，才能化人口大国为人才强国，化人口压力为人才优势；才能从根本上提高中华民族的整体素质，增强我国综合国力；才能在激烈的国际竞争中取得战略主动地位。

关键字整理：教育、未来、事业、基石、生存、需要、财富、生活息息相关、人才强、压力、优势、提高素质、国力。

记忆联想：建筑公司对新员工进行上岗前的教育培训（教育），点名有人未到（未来＝点名未到）。迟到员工到场，出现在讲师的视野内（事业＝视野）。培训内容是开挖掘机挖地上的石头（基石＝挖掘机挖石头）。培训完毕后，讲师可以获得公司付的工资（生存需要财富＝工资）。讲师领完工资后去超市买和生活息息相关的生活用品（生活息息相关）。讲师戴着博士帽（人才强＝博士帽）走到货架旁边买东西，买到的生活用品放在塑料袋里，用右手使劲压实一下（压力＝手压，优势＝右手使劲）。一边走出超市，一边吃在超市买的零食，然后没注意随手乱扔了垃圾（提高素质＝乱扔垃圾是需要提高素质的表现）。清洁工走过来清理垃圾（国力＝过来清理）。

经验分享：其实这段材料的逻辑性很强，但是要记住具体细节的表达是很难的，所以我精细地联想出一些画面。

分块整理法：将信息按照三种不同的形式（信息长度、长期记忆、逻辑性）

进行分块。

记忆实践案例：

兰亭集序（节选）

王羲之

永和九年，岁在癸丑，暮春之初，会于会稽山阴之兰亭，修禊事也。群贤毕至，少长咸集。此地有崇山峻岭，茂林修竹，又有清流激湍，映带左右，引以为流觞曲水，列坐其次。虽无丝竹管弦之盛，一觞一咏，亦足以畅叙幽情。

这篇古文中的很多信息比较抽象，不符合高效记忆原则。我们对其分块整理，然后联想记忆。

记忆块	原文内容	联想画面
1（时间交代）	永和九年，岁在癸丑，暮春之初	用来喝酒的酒杯上黏着唾液（永和九年＝用喝酒黏），喝完酒睡着的一个丑鬼（岁在癸丑＝睡着丑鬼），酒醒了吃木糖醇，清新口气（暮春＝木糖醇）。
2（地点和事情交代）	会于会稽山阴之兰亭，修禊事也	一群人集会吃鸡块，他们坐在阴凉的蓝色凉亭下（会于会稽山阴之兰亭；会稽＝鸡块；兰亭＝蓝色凉亭），吃完后修葺（修禊事也）凉亭。
3（人物交代）	群贤毕至，少长咸集	—
4（环境交代）	此地有崇山峻岭，茂林修竹，又有清流激湍，映带左右，引以为流觞曲水，列坐其次	—
5（感受交代）	虽无丝竹管弦之盛，一觞一咏，亦足以畅叙幽情	—

信息量分块和长期记忆分块在本书中举例很多，所以不做赘述。

思维导图整理法：通过绘制思维导图来整理信息。

我们用思维导图来整理关键词，把信息的逻辑关系梳理好，再去记忆信息。

思维导图并没有市面上宣传的神奇功能，它本质上属于一个整理工具，和其他笔记的功能是类似的。

思维导图是一种发散结构的笔记，一个中心点发散出多个不同维度的小分支，发散结构的信息本质上不符合记忆的原则。（一对多，回忆路径不明确。我们比较容易回忆线性结构，因为回忆路径比较明确。）如果为了更好地理解思维导图中的知识点，我会在思维导图的旁边配上案例；而如果是为了记住思维导图，我会在旁边配一些助记的画面，认知理解的精细学习是很难记住思维导图的。

目前市面上存在很多形式主义的思维导图培训课程，他们会让学生绘制大量的带有花花绿绿线条的思维导图，或者将一门课程整理成为一个超大型的思维导图。

前文提到，高亮重点内容对于学习的帮助不大。同样地，绘制思维导图时，那些花花绿绿的线，并无多少实用价值。与此同时，绘制大量花花绿绿的线条需要换不同颜色的彩笔，这种操作很浪费时间。

绘制和学习知识的思维导图，容易让学生产生一种"我学会了"的错觉。实际上，一旦蒙上思维导图，学生就会一问三不知。还有的学生沉迷于思维导图，不愿意深入具体的应用环境去解决问题，结果越画图成绩越差。

只有当我把一个个微观的知识点都学习和练习好后，为了总体概观所学，我才绘制一个相对较大的思维导图去做总结，或者在学习初期借鉴他人成型的思维导图。

对于知识的宏观了解确实对于学习有一定的帮助，但是真正的进步和能力提升主要还是在解决问题的过程中逐渐形成的，而且需要记住很多重要的知识点才行，光绘制思维导图是收效甚微的。

我听很多学生说：思维导图结构化思维。其实，结构化思维不能通过绘制思维导图而形成，需要在解决大量问题的过程中让导图中的知识互相作用自然形成。

在本书中，我致力于帮大家摆脱一些认知误区，因为我在培训中已经遇见过太多长期饱受这些问题困扰的学生。如果不先解决认知上的问题，就难以真正在记忆上有所进步。

如果你希望获得很大的进步，首先要做的不是拼命地向前冲，而是在错误的道路上刹车，改变方向。

方法不对，努力白费。围绕一个个微观的知识点去绘制思维导图，去追求真实的、微观的进步，这对于想利用思维导图整理知识的学习者才是最为关键的。

就像一支舞蹈，一定是逐个动作练习娴熟了，再把几个动作连起来，等到很多连续的动作都娴熟之后，才能从整体上去练习。思维导图也是如此，当你对局部的知识掌握得很好的时候，才建议去绘制总结式、整体型的思维导图。

我们把思维导图分成两类：局部知识点的思维导图；整体型思维导图。

局部知识点的思维导图		整体型思维导图
·针对局部的知识进行整理		·归纳、整理整体信息
·配案例、插图→联想记忆、理解透彻	VS	·不配案例→难以理解
·围绕知识点→累积问题解决思路		·掌控全局→了解知识的逻辑整体

第一种思维导图比第二种要重要得多，因为它是能力提升的核心。

记忆实践案例：

如何理解"社会主义协商民主是我国社会主义民主政治的特有形式"？

协商民主是在中国共产党领导下，人民内部各方面围绕改革发展稳定重大问题和涉及群众利益的实际问题，在决策之前和决策实施中，开展广泛协商，努力形成共识的重要民主形式。

社会主义协商民主是中国社会主义民主政治的特有形式和独特优势，是实现党的领导的重要方式，丰富了民主的形式，拓展了民主的渠道，深化了民主的内涵。社会主义协商民主，有利于扩大公民有序政治参与，更好实现人民当家作主权利；有利于促进科学民主决策、推进国家治理体系和治理能力现代化；有利于化解矛盾冲突，促进社会和谐稳定；有利于保持党同人民群众的血肉联系，巩固和扩大党的执政基础；有利于发挥我国政治制度优越性，增强中国特色社会主义道路自信、理论自信、制度自信、文化自信。

信息量很大，先做思维导图简化：

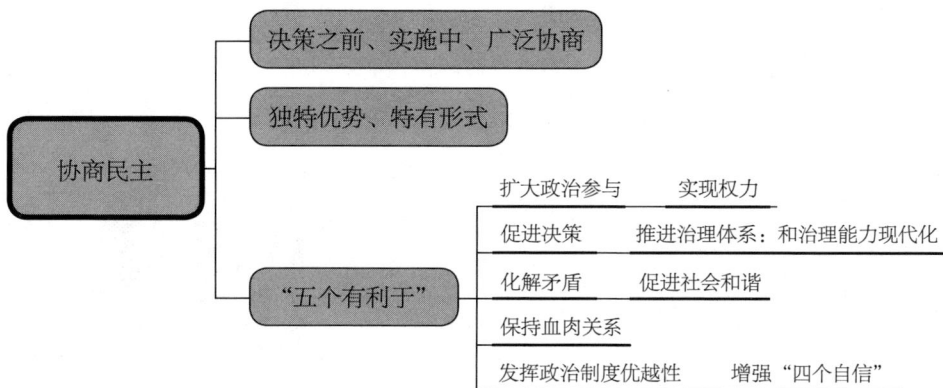

```
                    ┌─── 决策之前、实施中、广泛协商
                    │
                    ├─── 独特优势、特有形式
  ┌──────────┐      │
  │ 协商民主 │──────┤
  └──────────┘      │              扩大政治参与    实现权力
                    │
                    │              促进决策    推进治理体系：和治理能力现代化
                    │
                    └─ "五个有利于"  化解矛盾    促进社会和谐

                                   保持血肉关系

                                   发挥政治制度优越性    增强"四个自信"
```

记忆内容	联想	画面
决策之前、实施中、广泛协商；独特优势、特有形式	买房子之前（决策之前），夫妻俩去看了很多户型，甚至去建筑工地看毛坯房。施工正在进行中（实施中）。夫妻回到家，和长辈们一起协商买什么样的房子合适（广泛协商）。最终选择的房子必须有独特的优势（独特优势），例如：阳光充足、南北通透、邻近学区等。房子的户型是特有的（特有形式），比如：南北双阳台设计。	
扩大政治参与、实现权力、促进决策、推进治理体系和治理能力现代化	夫妻结婚办婚礼的时候，很多亲戚都会参与（扩大政治参与）。婚后妻子会控制家里的经济大权（实现权力）。家里装修房子买家具时，妻子看到手机上的各种促销图文广告，促进了购买的决策（促进决策）。家里的卫生可以让网购的扫地机器人自行打扫（推进治理和治理能力现代化＝机器人全自动化扫地）。扫地机器人的购买增强了家庭卫生环境的治理能力。	

记忆内容	联想	画面
化解矛盾，促进社会和谐、保持血肉关系、发挥政治制度优越性、增强"四个自信"	夫妻相处不好，准备闹离婚的时候，很多亲戚会过来劝解，帮忙化解矛盾（化解矛盾）。如果夫妻俩一直吵架，家中气氛很不和谐（促进社会和谐），最终还是得离婚。离婚后，家长和孩子还保持着血缘关系（保持血肉关系）。失去抚养权的家长会给予抚养费。离婚后，双方都需要提升自己。例如：通过打扮和锻炼，让自己的外在条件变得优越（政治制度优越性=外形优越）。外形优越能更自信（增强"四个自信"）。	

别人看到的信息是密密麻麻的文字，在我眼里，这些信息是一个个电影片段。

经验分享：思维导图可以用电脑软件绘制，速度快。思维导图软件是一种非常好的整理工具。我的一个学生是医学考研的讲师，他通过这种方式让学生用一年时间记住需要 5 年时间去记忆的医学知识，因此他的课很受欢迎。

整理知识的手段有很多，读者也可以自行研究。适合自己、用得顺手的整理手段就是最好的，并不一定要拘泥于思维导图整理。

第五节
定桩基本功

回忆有两种：一是自由回忆，即凭借自己的先天机械记忆能力去回忆。二是线索回忆，即先将信息转化为图像，再通过想象这个图像作为线索去回忆。

前文我们了解了记忆官殿的知识，它就是一种线索回忆形式。在记忆官殿中，地点桩是线索，因此，为了更好地使用记忆官殿方法，我们需要练习定桩基本功。

在记忆长信息时，我们必须先制作一个序列 A、B、C……然后将长信息切分成小的记忆组块，分而记之，例如：A 记忆 A_1；B 记忆 B_1；C 记忆 C_1……

我们在回忆信息时，先回忆记忆桩子，然后回忆桩子上转化的画面剧情，从而想起信息。

万事万物都可以用作回忆线索（记忆桩子）。当然，这些桩子必须符合特定的原则。这些原则包括：

外形差异性

例如，不同的事物：鼠标和键盘；同类事物：高跟鞋和凉鞋都是鞋，但外形差异大。

熟悉的顺序

比如，我见过狗，很熟悉狗的形态，那么狗的鼻子、眼睛、背、屁股等连续的位置就可以作为桩子。再如，我熟悉的熟语"柴米油盐酱醋茶"，也可成为我们的记忆桩子。我们去过或者见过的某个熟悉场景，里面的一些熟悉的位置也可以作为桩子。还有我们经历过的一些事情，这些事情涉及的事物的顺序如果非常明确，也可以作为桩子。

高辨识度的图像

抽象的东西不适合作为桩子。图像容易想象并辨识，从而起到强烈的回忆提示效果。

熟悉的事物

人脑很难回忆自己从未见过的事物。我的一个学生的桩子是自己幻想出来的宇宙飞船，但是由于他从未见过宇宙飞船，脑海中的形象是很模糊的，这导致他回忆时总是出错。

记忆实践案例：

记忆内容	桩子	联想	解析
放松、高温、调整、入口、吸附	拔火罐	按摩是让肌肉放松（放松）的方式。按摩师傅拔火罐，火罐温度很高（高温）。师傅拔火罐时会调整(调整)一下灌口的位置。火罐口吸附（入口、吸附）在皮肤上。	记忆这串词汇的时候，我将身边的事物——拔火罐作为记忆桩子。

记忆内容	桩子	联想	解析
教学评价的功能：诊断功能、导向功能、激励功能、调节功能、教学功能、管理功能、发展功能	在医院看到护士给孩子输液的事件	医生诊断完，把孩子的病情写在病历本上（诊断功能），然后让家长带着孩子去找护士输液。护士给孩子打吊瓶，导管决定了液体的流向（导向功能）。孩子一直哭闹，不肯扎针，家长在旁边握紧拳头呐喊，激励他（激励功能）不要害怕。针头扎进手背后，可以拨动输液设备的滚轮来调节（调节功能）输液的快慢。护士扎完针，教新来的实习生怎么打针（教学功能），然后把输液用的碘酒、棉签、橡皮筋放入箱子内管理好（管理功能）。护士扎完针找个座位躺着休息，头靠在座位上，头发散开（发展功能＝头发散开）。	信息压缩：教评功＝护士的脚踩在平地上，脚上有足弓（教评功＝脚平弓）。

记忆官殿是一个没有容量限制的信息管理系统。生活中任何拥有明确顺序的事物都可以作为记忆桩子。

案例 1

我在办公桌上找了八个桩子，按照顺时针顺序，分别是：鼠标、键盘、咖啡杯、显示器、笔记本、台灯、主机箱、椅子。现在我们用这八个桩子来记忆"电子商务法的八大亮点"。

记忆内容	桩子	联想
电子商务法的八大亮点	鼠标	手放在鼠标上，控制计算机上网购物，鼠标下面有红色的亮点（电子商务＝上网购物，八＝巴掌，亮点＝鼠标的红外线灯）。
促进发展，严格范围	键盘	金发的网瘾少年（促进发展＝进发＝金发）在用键盘打游戏，妈妈在旁边喂饭（范围＝喂饭）。
包容审慎	咖啡杯	一包咖啡豆溶解在咖啡里（包容审慎＝一包咖啡豆溶解）。
平等对待	显示器	显示器的两边不平，左边角比右边角高，用手扭动到左右持平（平等对待＝用手扭动到左右持平）。
均衡保障	笔记本	笔记本上有均匀的横线。想象自己冬天在笔记本上写字的时候，戴手套保障自己不生冻疮（均衡保障＝均匀横线＋戴手套）。
协同监管	台灯	我斜着肩膀检查台灯哪里坏掉了（协同监管＝协监＝斜肩膀）。
社会共治	主机箱	我弓着背用手指按主机箱（共治＝弓背指按）。
法律衔接	椅子	我坐在椅子上梳理自己的发际线（法律衔接＝法衔＝发际线）。

很多不了解高效记忆原理的人会认为将抽象词转化成谐音画面和桩子结合起来是曲解原意，是错误的做法。这种担心是不必要的。我们这么做只是把不好记忆的抽象文字嫁接到好记忆的形式上，合理地运用视觉记忆来强化记忆效果。

案例2

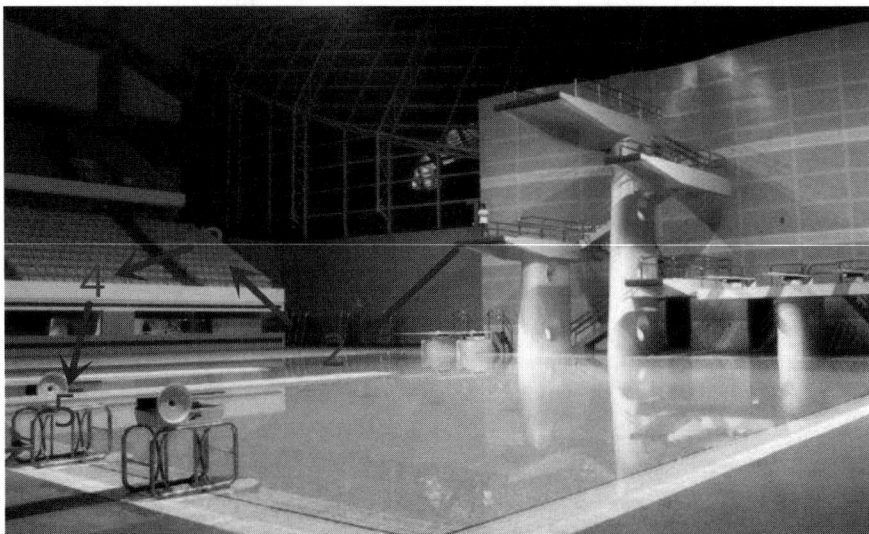

用这张图的场景记忆"大型网站软件系统特点"。记忆桩选择：跳水台、泳池、座位、栏杆、扶手。

记忆内容	桩子	联想
大型网站软件系统特点	—	用计算机登录网站（大型网站）观看奥运会跳水比赛。计算机的鼠标下面有软垫（软件＝软垫）。计算机开机会显示WINDOWS操作系统（系统）。跳水会溅起特别多水花，水花点点飞起来（特点＝水花点点）。
高并发、高可用	跳水台	跳水台可以用来跳水（高可用），两个人一并跳入水中有水花（高并发）。
海量数据	泳池	游泳池里蓝色的水很像大海。跳水运动员跳下来后，裁判会对他们的表现进行打分，如8.5分，这个分数是跳水的得分数据（海量数据）。
用户分布广泛、网络情况复杂	座位	座位上坐满了来自不同国家的观众（用户分布广泛）。一些座位上的观众接到电话听不清，跑出去接电话，说明泳池馆内网络不好（网络情况复杂）。

记忆内容	桩子	联想
安全环境恶劣	栏杆	栏杆上都是倒刺，路过的观众很容易刮伤，这是安全环境恶劣的表现。
需求快速变更，发布频繁；渐进式发展	扶手	运动员扶着扶手上岸，指着毛巾让教练拿过来，这时候突然摔倒，他的需求从要毛巾变成了要医药箱（需求快速变更）。受伤后，运动员拍照发布朋友圈，一张接一张地发（发布频繁）。周围的医务人员迈着小碎步过来（渐进式发展；小碎步＝渐进），帮运动员上药。

第六节
发散思维

当我们看到某个信息时，能想到和它相关的各种信息，或者经过阶段性的发散，将不相干的信息关联上。发散思维是制作出高质量联想的基本功。

如果让人和机器比记忆能力，那么人必输无疑；但如果比思维的随机发散能力和弹性思考的能力，人远胜过机器。当机器输入信息时，它们是被动的，而人输入信息的时候，人的大脑会自动地对输入的信息进行思维发散，这种思维发散是有一定随机性的。比如，当我听到"明月"时，我的脑海里会随机想到一些和月亮有关的诗句。例如：明月几时有，把酒问青天；举头望明月，低头思故乡；人有悲欢离合，月有阴晴圆缺；举杯邀明月，对影成三人。我也可能会想到：上一次中秋节赏月的情景；在月光下，有只狼在悬崖上嗥叫。我还会想到吃月饼时使用的盘子等。这些发散有时候是有意识地进行的，也有时候是下意识进行的，它和一个人的长期记忆储备有关。

发散如何帮助我们更好地建立联系呢？我们通过一些记忆实践来感知它。

我的一个学生怎么也无法把"草皮"和"数字220"关联上。我告诉他：由"草皮"可以想到吃草的动物、割草的工具等。割草的工具是电动的，中国的电器一般使用220伏特的电压。经过这样的思维发散，两个信息就关联上了。

发散思维训练实践案例："桥"和"农田"。

当我想到桥的时候，我会发散出很多事物：行人、交通、河流、人们到桥下躲雨等。桥下有河流，而河流的水会被引去灌溉农田。于是，当我从桥想到河流，再想到灌溉农，我就把这两个不相关的事物关联起来了。

如何训练发散思维？核心训练是通过发散，将两个不相关的事物关联起来，可以是抽象信息也可以是图像信息。

具象词发散实践案例："天鹅"和"老鼠"。

天鹅：跳芭蕾的女孩扮演的形象是白天鹅，女孩跳芭蕾舞前会进行化妆。

老鼠：老鼠的天敌是猫，我们叫熬夜的人夜猫子，夜猫子会有黑眼圈，黑眼圈需要化妆来遮盖。

经验分享：对"天鹅"和"老鼠"进行阶段性发散，在"化妆遮盖黑眼圈"这个图像上关联上了。这种训练做多了，我们的思维会变得非常敏捷，善于捕捉联系并利用其来高效记忆。

发散分为单点发散和连续发散。单点发散就是由一个事物想到和它逻辑相关的不同事物；连续发散就是通过几个阶段性的发散递进，如上面"桥"和"农田"的例子。

抽象词发散实践案例：

内容	发散
扩大、铺设	扩大铺设道路。
管理、开放	肯德基的吸管盒里面有很多管子（管理＝里面管子），用手按吸管盒子的开关，然后放开（开放），吸管盒子才会出管子。
steer 驾驶	我驾驶电动车时，撞到了石头（st），响声很吵，耳（er）朵难受。

经过几十万次的训练，发散已经成为我的一种下意识反应。我可以快速将不相干的信息以符合高效记忆原则的形式关联起来。例如，我走在大街上，看到两个门面的招牌："坚美"和"顺发"，下意识联想了一个画面：电视广告

上的尖脸美人在做洗发水的广告。她有一头柔顺的头发（坚美＝尖脸美人；顺发＝优柔的头发）。

第七节
记忆的综合应用

———

当我们将记忆宫殿涉及的基本功：转化、联结、整理、定桩、发散思维都练好后，接下来要做的就是综合应用了。当我们能够随机应变地综合使用各种基本功去记忆信息时，我们才算真正掌握了记忆宫殿技术。

在考试中，只有两种需要记忆的信息：短信息的记忆，即对若干关键字、词的记忆，以及长信息的记忆。例如：**一对多（一个提问，多个相关的答案）问答的记忆。**

选择题和一些简短的填空题考察的就是短信息的记忆。

举例：苹果中能够提升记忆力的元素是（　　　）

A. 锌　　　　　　B. 铁　　　　　　C. 钙　　　　　　D. 硒

答案：A

记忆思路：如何快速记住此类信息呢？只需要将题目的关键词和答案的关键词做个符合高效记忆原则的联想即可。记忆联想：苹果手机有芯片，芯片有记忆功能，芯和锌谐音，记住是锌元素。

再看两个例子。

最早发现灌溉技术的朝代是（　　　）

A. 夏朝　　　　　B. 唐朝　　　　　C. 汉朝　　　　　D. 宋朝

答案：A

记忆思路：用水管灌溉农田要朝下（夏朝）。

观察学习的提出者是（　　　）

A. 荣格　　　　　B. 华生　　　　　C. 斯金纳　　　　D. 班杜拉

答案：D

记忆思路：班主任观察学生学习时，突然拉肚子（班杜拉＝班主任拉肚子）。

短信息量的题目记忆起来很简单，用同样的模式一般都能搞定，所以不做赘述。考试前，如果你觉得一个知识点倾向于考选择题或者填空题，就没必要把很详尽的内容都做联想记住。所以我建议学生先研究真题再去背书，这样可以大幅度提高记忆效率。

长信息的记忆难度系数比较高，要随机应变，采取不同的策略去记忆。在这里，我用一些例子做示范。

记忆实践举例：

质量管理体系八原则：以顾客为关注**焦**点、**领**导作用、**全**员参与、**过**程方法、**管**理的系统方法、持续**改**进、基于事实的决**策**方法、与供方互**利**的关系。

分析：信息的记忆惯性比较大，选择提取关键字做联想口诀来记忆。八个原则压缩成：**焦领全过，管改策利**

记忆联想：**叫领全过，关盖撤离**。（口诀画面解析：包工头**叫**工人来**领**工钱，工人**全过**来，领完钱后，**关**上钱箱的**盖**子，**撤离**。）

记忆实践举例：

会计的八个基本原则：可靠性、相关性、可理解性、可比性、实质重于形式、重要性、谨慎性、及时性。

分析：逻辑性强，类比成生活中熟悉的事——领快递。

记忆联想画面：快递要按重量计算运费（重要性）。寄的东西如果是易碎品，需要谨慎（谨慎性）地包装，例如：用气泡膜包裹着。快递员送快递很及时（及时性），美女刚准备出门就来了。爬楼梯很累可以靠（可靠性）在墙壁上休息一下。拿到快递后对应检查一下相关（相关性）的产品参数。验收完毕后，美女看到快递员满头大汗，就给他端了一杯水，这是对快递小哥工作辛苦的一种理解（可理解性）。美女化着浓妆（实质重于形式；浓妆类比记忆形式，美女的素颜类比记忆实质），拿着新产品和原来的旧产品进行对比（可比性）。

记忆实践举例：

教学设计的基本原则：系统性原则；目标性原则；程序性原则；反馈性原则；具体性原则；可行性原则。

分析：教学设计让我想到用计算机设计教学 PPT 的过程。

记忆联想画面：打开计算机会出现 WINDOWS 操作系统（系统性原则）的界面。鼠标选中桌面的制作 PPT 的目标程序（目标性原则、程序性原则）。当我发现缺少一些必要的配图时，我就将 PPT 的缺漏通过聊天软件，发信息反馈（反馈性原则）给我的助手。助手将一些具体（具体性原则）的配图通过聊天软件发送过来。我将可行（可行性原则）的配图留下，不采用不可行的配图。

通过对信息的观察，我将它逻辑联想为生活中亲身经历的事件，以熟记新，很轻松就记住了。

每个人的天赋条件和思维模式是不同的，通过大量的综合记忆训练，记忆不同的材料，读者可以发现比较适合自己使用策略。在实用记忆中，经验的积累比技巧本身要重要得多，因为记忆信息特别依赖操作经验的迁移。

第六章

如何高效复习

HAPTER6

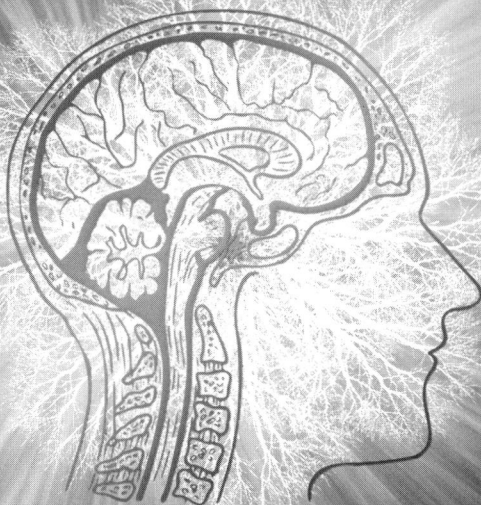

第一节

认知红利——记忆重捡

很多学生担心自己学的东西越多，需要复习的知识就越多，自己可以掌控的时间会越少，于是他们焦虑起来。我将帮助大家化解这种焦虑。

有一部分学生非常喜欢整理"大、广、全"的知识框架，他们误认为这是学习的核心，只要自己把知识点都整理好，就学好了。或许他们还会反复看自己整体的这个框架，认为这就是"高效复习"。实际上，这是一种虚假的努力。

学习的根本目的是提升能力。当我们去整理知识的框架结构时，实际上我们只是对知识有了一个大致的逻辑结构上的了解和梳理，这和提升解决问题的能力还差得远。错误的努力越多，花费的时间与得到的回报越成反比，于是他们的焦虑就不可避免了。

四个不要：

一、不要把整理当成学习的核心。

二、不要认为自己理解透彻知识的逻辑就是学会了。

三、不要认为自己理解了，就能够解决问题。

四、不要认为自己理解了，就能记住该记住的信息。

提升能力所需的三个记忆储备：

一、认知理解的记忆储备。

二、解决问题必要的工具型知识的再现记忆储备。

三、大量实践积累的经验型记忆储备。

除去这三个记忆储备，我们还需要大量练习，以锻炼思维的灵活性，从而去解决问题。

就像我们希望变成幽默高手，先要知道一些幽默技巧（偷换概念、曲解愿意、夸大其词、机智访答、一语双关、正话反说、出乎意料、答非所问、张冠李戴），理解为什么按照这些技巧去编织笑话能够把人逗乐，然后我们还需要去实践，在日常生活中运用这些技巧。

仅仅把这十个技巧记住就能写段子了吗？很显然不能。同样的道理，整理知识框架并记住也不能让人成为学霸，因为记忆理论不是真正的学习，知识没有内化，记忆储备就无法成为实践的养料。

或许一些同学通过死记硬背还可以通过考试，因为应试考试考核了大量基础知识，但是一旦他们进入社会，就会显出"高分低能"的疲态。究其根本，他们还没有认识到，学习的根本目的是提升能力。当能力提升后，记忆的信息才真正属于自己，而这种信息即使一时忘记了，也能够在简单地复习之后"重捡"起来。

我们可能遗忘了曾学过的很多知识，但当我们重新捡起来之后，就会发现学习的效率比完全陌生的时候快得多。我们只要稍加利用这一原理，就可以大幅度提高学习成绩。当了解记忆重捡的效率更高时，我们可以预习或者尽可能一次性学习、记忆更多的内容，让记忆重捡覆盖的所学知识面更大，我们的学习效能就会大幅提升。

一个朋友在阔别学校多年后重拾初中数学知识，准备去当数学老师。他本以为自己已经忘光了，至少需要一两年才能捡起来，但实际上他3个月就学完了。

第二节
超遗忘规律——用脑量决定记忆效果

对记忆感兴趣的人一定不会不知道艾宾浩斯。这位德国心理学学家在1885年做了一个实验：他用无意义音节（由若干音节字母组成、能够读出、但无内容意义即不是词的音节）作记忆材料，用节省法计算保持和遗忘的数量，并根据实验结果绘成描述遗忘进程的曲线，即著名的艾宾浩斯记忆遗忘曲线。

根据艾宾浩斯遗忘曲线，遗忘在开始时很快，然后逐渐变慢，直至几乎不遗忘。通俗来说，我们每次只能记住学过的内容中的一部分，只有不断复习，才能增加留在大脑中的信息量。后人根据艾宾浩斯的理论提出了间隔复习的方法。市面上也有许多专门的记忆书籍、软件等，能够帮助人们按照一定的时间间隔来复习。但是，从大样本的角度来看，这些书籍和软件并没有真正改善人们的记忆。

为什么呢？我在实践中找到了三个可能原因：

第一，艾宾浩斯的实验材料是无意义的字母串，不会在日常生活中遇到，而在生活、学习中，我们学到的知识是有逻辑、有意义、会在实践中用到的。这导致我们并不需要严格按照艾宾浩斯遗忘曲线所揭示的规律去复习。退一步说，在实践中运用是一种比机械重复更好的复习方式。

第二，我们在生活、学习中遇到的信息量要远多于心理学实验中遇到的实验材料。这导致如果我们要按照艾宾浩斯的遗忘规律去复习，就会迭代起超乎想象体量的信息，根本复习不完。

第三，间隔复习方法非常考验人的自律能力。在学校中学习，有老师、同学、家长不断地督促，同学才能专注于学业，每天完成学习任务。额外的复习任务如果没有受到监督，仅依靠自律，那是很难保持"十年如一日"的。

综上所述，我们需要一种更加高效的复习方法。经过大量的记忆实践，我发现了更适合日常学习的遗忘规律——超遗忘规律。人对信息的记忆和遗忘效果主要取决于用脑量，其次取决于间隔提取的次数和频率。

当我们被动地阅读时，这是个相对轻松的过程，不费脑，因此我们过一阵子就忘了阅读过的信息，而如果我们在阅读的过程中，分析信息的关键和中心思想，对信息做一个整理，这样我们的用脑量就增加了，这时候记忆效果在一定程度上就比被动地阅读要来得好。如果我们看到信息的时候，不只是做笔记，还能由书中内容联想或思考出自己的想法和观点，我们的记忆就更加深刻了。例如，我读到了一句话：法律确定和保障主体自由的实现所需要的各种现实条件。据此，我想到了电影《肖恩克的救赎》中男主角越狱的剧情：男主越狱是为了实现自由，而自由的实现需要很多现实条件。如：挖地道的各种工具和遮盖地道不让狱警发现的海报等。当我的大脑对信息进行分析、联想时，我提升了用脑量，因此对信息的记忆效果比不思考时好得多，而如果想到的事物符合高效记忆原则的话，就能达到最大化的记忆效果。

本质上复习自己学过的东西也是增加用脑量的过程，在原有用脑量的基础上叠加。

深度思考、情绪刺激、信息的意义加工、对信息的深度理解、重复提取信息、各种联想活动等都是提升用脑量的做法。

根据这个原则，读者可以设计出用脑量更大的学习方法来提升自己的学习效果，例如：听完一节视频课程后，设计一些提问然后自问自答，因为问题是必须要用脑思考才能回答出来的；学习英语的时候，看中文尝试默写出英文，这样做比被动阅读的用脑量大得多；又或者看到信息的时候，把它加工成符合高效记忆原则的信息。

复习的核心思维：首先，通过超遗忘规律设计出增加记忆效果、抗遗忘的学习策略来学习；其次，在一定周期内间隔复习学过的知识；最后，根据对于知识的掌握程度和记忆深刻程度来调整自己的复习侧重点。

第三节
复习时的选择

———————

在复习的时候，先要明确一件事：我们对于需要复习的内容缺乏的是什么？书中我反复提到一个观点：学习需要的是进步，进步的本质是解决问题能力的提升。为了更好地进步，先得观察自己的进步需要针对哪个缺口去做。

有些考试问题的解决是需要你记住一些事实性的知识。

有些考试问题的解决需要有解决问题思路的记忆储备＋灵活变通的能力，这种思路的记忆储备需要大量做题、练习来积累和巩固。你的大脑必须经过足够的训练，才能在考试的时候应用记忆系统高效解题。

有些问题的解决需要当事人先打通对该知识的认知、理解上的思维障碍，否则就会出现连题目想表达什么都看不懂的情况，而相应的练习是更加进行不下去的。

如果你对知识的各种细节考点都理解＋记忆＋练习得很到位了，你可能需要对知识做一个整体上的总结式整理，以便于概观全局。

对于知识来说，知识储备越丰富的人理解得越多。如果你对于一个知识的各个方面了解得越多，你就越能深层次地理解这方面的知识。背景知识和知识的前因后果使你将你阅读的信息和已知的长期记忆联系起来。当我们想理解一个知识时，我们会先在记忆里挖掘。长期记忆中存有的越多，学起来就越容易，所以复习知识时，我们可以去了解知识的更多方面。

比起认知理解知识，防止遗忘的更好方式是：使用联想加工信息和大量的练习提取。对一个知识如果只停留在认知理解层面，往往只能了解知识浅表层的结构，大量练习去解决问题才能了解知识的深层次结构。

第四节
人脑的记忆是输出依赖型

很多人正在用低效的方法学习语言，因为他们不懂人脑的记忆原理。

在英语的学习上，我常听到一种学习方法叫作："可理解性输入"，就是给语言学习者输入的外语，是他们可以理解其意义的。

事实证明，"可理解性输入"要比输出的记忆效率低得多。换言之，夸大"可理解性输入"对于语言学习的重要性，是一种很大的误导。

语言的学习和记忆强度的关联性极大，而输出能获得的记忆强度远大于输入。我的一个学生在网上学习了"可理解性输入"的英语学习方法后，把英语电视剧《生活大爆炸》看了20遍，但他的英语水平并没有得到多大的提升。当然，我并不是想论述"可理解性输入"是错误的，而是从记忆的角度来说，它是一种效率很低的学习方法。

"可理解性输入"的成功案例都有一个特点，就是当事人沉迷语言学习，或者长期待在语言环境中。大多数普通人没有条件出国，也没有那么多时间去接受海量的输入。"可理解性输入"的好处是不会对当事人造成比较大的心理压力。很多人学习语言的心态比较焦虑，因为有很多的考试和升学压力在等待着他，而盲目相信"可理解输入"是一种高效学习语言的方法又陷入了另外一种思维错误。从学习获得记忆强度的角度，它并不高效，而且反复听外语句子对没有语言爱好的学习者也是一场意志力的巨大考验。

我从不推崇单一的学习方法，因为这个世界的学习者的客观条件和主观想法都是多样化的，单一的思维方式存在隐患。

为何我会在这里提到语言学习中的学习方法呢？因为我希望让大家明白记忆的底层原理，从而判别和选择适合自身的学习方法。

语言更倾向于是一种技能，任何技能的应用对于记忆的熟练度要求都非常高，我教过的好多学校的大学生，他们通过了四、六级考试却还是无法自如地和外国人沟通。核心原因是：这些擅长做英语题的考生对英语表达的记忆停留在思考层面，需要用思考组织一段时间才能表达。这样依赖思考来造句表达的速度是难以流畅交流的。

很多留学生会说："我从来没有背过英语句子，就能轻松地表达，所以学习不是记忆。"我们认真地思考一下就会明白背后的原理。实际上，语言环境是一个大型的被动输出系统，当一个留学生处于语言环境下，他不得不被动地和人对话，而对话的本质是把自己记住的句子用可理解性输出的方式在语境中说出去。（简单地说就是在语言环境的刺激下背句子、应用表达。）当重复得足够多时，大脑对于语言的长期记忆神经回路储备趋于完善。我们可以这么去理解：外语环境造成环境中的当事人"可理解性输出"，这才是真正的高效习得。

人的大脑重视输出而不是输入，当输出的时候，我们需要使用更大的用脑量。被动听一个句子，和在应用环境下把自己记住的某个句子输出性应用，是完全不同的难度。

有一个心理学实验：学习40个斯瓦希里语单词。首先让所有参与者把单词学习一遍，然后进行测试，大家得分都很低。也就是说，理解性输入的学习方式不能获得很好的记忆效果。将参与者分为四组。第一组，学习40个斯瓦希里语单词，不做复习；第二组，学习40个同样的斯瓦希里语单词，然后主动回忆单词；第三组，学习40个同样的斯瓦希里语单词，每个单词连续复习两遍；第四组，学习40个同样的斯瓦希里语单词，每个单词间隔复习两遍。在一段时间后检测四组人的记忆情况，结果表明，第四组的记忆量是最多的，而四组中记忆量最少的是第一组。

实验的结果意味着人们想留住记忆，就要重视输出（通过主动回忆提取记忆过的知识）和间隔重复。

说了这么多我并不是希望读者放弃认知理解和输入信息，我们可以这么去理解它：认知理解和信息输入对于学习非常重要，但它们的抗遗忘效果很差，对于迫切希望提高学习成绩的读者，你们必须意识到：提问抽取自己前面学习过程中认知理解和输入的信息比单纯的只认知理解＋输入信息收效更大。因为我深刻地认识到这一点，所以我会反复提问学生我教过的知识和技巧，这让我的教学效果大幅度提高。

《考试的脑科学》里有一句我很喜欢的话：在理解书中知识的前提条件下，反复钻研教科书把知识弄懂，这种形式的复习效果还真不如多做几遍练习题的效果强。

考试、刷题、抽背、提问都是输出，问题的关键是：它相比起输入，太费脑、太辛苦了，人的本能就是逃避困难，就像成功的道路即使摆在大多数人面前，由于走这条路比其他的路辛苦太多，大多数人还是愿意选择那些让自己更舒服的方式。

第七章

如何使用费曼学习法

HAPTER7

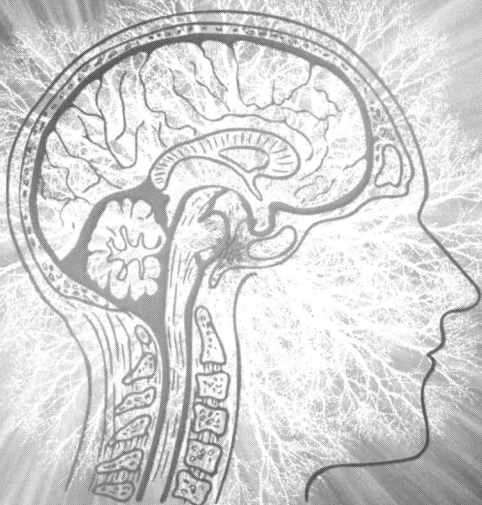

第一节
费曼学习法

────

理查德·费曼（1918—1988 年），1965 年诺贝尔物理学奖获得者。费曼擅长用简单的语言把复杂的观点表述出来。这使他成为一位硕果累累的教育家。

早年我看过一本书，里面提到一个农村孩子考上清华大学的故事。他爸爸很穷，为了交一份学费来达到两份的效果，每天让孩子回家把今天课堂所学的内容教给他。这种学习形式和费曼学习法不谋而合。

在网上我们会看到很多关于费曼学习法的视频和文章，可是关于费曼学习法的真实学习效果、如何操作，案例却少之又少。对于背后深层次学习原理的研究者也是少之又少。

在前面学习语言（斯瓦希里语）的实验中，我们知道四组参与者的初始回忆效果都是非常糟糕的，也就是说单纯被动地学习知识，能获得的记忆是极为有限的，因为这是一种对于知识的输入，而人的大脑的记忆是输出依赖型的，主动回忆提取信息或应用有助于形成比较牢固的记忆。可是输出比输入要辛苦多了，所以大多数人学习过程会刻意减少或者逃避输出。

费曼学习法可以简化为：把学到的知识教会他人。如果我们想教会别人知识，我们必须先自己理解，然后组织语言教学，而组织语言教学必须输出（主动回忆自己认知理解的知识）。所以费曼学习法的学习效果其实还是来自主动输出，只是换了一个名称罢了。

第二节
费曼学习法为什么比传统学习方法更有效

────

费曼学习法和输出（主动回忆提取）式学习法的区别在哪里呢？

费曼学习法注重**教学互动、反馈、纠错、调整、简化**这些过程。

费曼学习法有四个步骤：

1. 选择一个学习目标。

2. 教授这个学习目标给别人听。

3. 查缺补漏，自我检测纠错。

4. 简化语言的表达和进行类比。

为了学习费曼学习法，首先我们可以重新定义"理解"这个词：**你可以向别人解释一个知识，并且能让对方完全听懂。**

在深入研究费曼学习法之前，我给大家介绍一个心理学效应——邓宁-克鲁格效应（Dunning-Kruger effect），又称达克效应。它是一种认知偏差现象，简单地说：我们认为的自己比真实的自己要强得多。在学习的过程中，我们非常容易产生达克效应。

有一个大师说过一个经典的句子：自我是看不清的，人只能在碰壁的过程中不断看清自我。每一个人都有一定程度的自恋，希望在别人心中留下好的印象。在教学的过程中，我们更渴望表现出完美的一面，但大多数时候学生并不会按我们想象中的理想状态去学习，我们必须切换各种表达方式，举例子、打比方来让学生听懂一个知识点。这是一个不断碰壁的过程，但与此同时，我们对同一个知识的理解也会越来越深刻，因为我们必须切换很多角度去解释同一个知识，这在被动接受知识的时候是完全不需要考虑的。被动输入，我们往往很难碰壁，也无法自查自己的知识漏洞。

费曼学习法在实际的学习中其实难以应用，因为这种学习方法必须涉及第三方，比如：老师教学生张三，张三教李四，以此类推。问题的关键是：不是每天张三都能找到一个李四，让他对自己进行教学活动来增强自己的学习效果。有人会说：让孩子的家长配合孩子，让孩子教家长。实际情况是，大多数家长工作很忙，即使愿意配合一天，长久实行起来也还是很困难。

如何在没有第三方参与的情况下使用费曼学习法呢？

我在没有第三方的情况下，也能达到费曼学习法的学习效果吗？

我看完一段文字就会尝试提取一些关键词，然后根据它们组织自己的语言进行复述。换言之，只要你学习知识的时候，把被动地输入知识换成主动回忆核心概念并尝试组织语言复述给自己听就可以了，同时要学会把自己教学的目标假想成完全的小白。这样就会顾虑到出现的各种状况和反问，自己和自己进行多维度解释。面对同一个知识，这样获得的记忆强度就会更大，理解也更深刻。为了达到更理想的教学效果，我甚至对同一个知识用了很多类比来自己教自己。

我们这里把被教学的第三方换成了自己（第一方：知识点本身；第二方：教学者是自己；第三方：受教育者也是自己）。

看到这里，很多读者可能认为自己已经找到了费曼学习法的核心要义，开始庆祝胜利了，如果这样简单，我就不会继续深入解读费曼学习法了。

第三节
理想和现实的差距

———

理想很丰满，现实很骨感。费曼学习法如果不和记忆原则结合去使用，实际的效果依然可能不理想。

当我理解和记住核心概念，尝试复述给自己听或教学生时，有一个难题卡住了我，那就是凭借我的先天机械记忆能力，即使理解了核心概念也复述不出来。很多知识的条目之间是完全并列的（不存在逻辑关联性），即使你记得前面的内容，后面的内容你也想不起来了。

在看《人性的弱点》这本书时，里面有三句话我特别喜欢，还专门收藏了下来：

（1）成功的人际关系在于你有能捕捉对方观点的能力；还有，看一件事须兼顾你和对方的不同角度。

（2）天底下只有一种方法可以影响他人，那就是提出他们的需要，并让他们知道怎样去获得。

（3）能设身处地为他人着想，了解别人心里想些什么的人，永远不用担心未来。

我很轻松地理解了核心概念，也提取了三句话的核心观点：捕捉观点、兼容他人，影响从别人的需要出发，设身处地为他人着想。

当我尝试把这三句关于人际关系的话教给他人的时候，我的大脑中只剩下一片空白，这让我感到挫败不已，因为我一度认为费曼学习法要比记忆官殿这些技巧来得更高级一样，事实可能并非如此。

我认为是我的先天机械记忆能力太弱，但我发现很多人用这种方法的效果比我还差，我的机械记忆能力还比他们一部分人强一些，这三句话已经是最简单的教学内容了，无论如何理解核心概念，要想脱稿讲授教学给他人，脑子总容易短路。

我描述了费曼学习法的教学过程的种种尴尬，并不是希望大家不用它，而是客观地让大家意识到理想和现实的差距，只有真正实践过的人才能写出实用的技巧。

这个世界有两种人，一种人是做事的，另一种人是作秀的，可是由于作秀的人的表演太精彩，普通人总把作秀的人当成做事的人。

为什么我去讲解一些并列关系的知识的时候，理解概念和组织语言讲授的效果很差呢？问题并不是费曼学习法，而是材料本身，因为材料本身不符合记忆的原则。

当我们理解透彻一道数学题的时候，我们去给别人讲授这道数学题的解题思路往往是不难的。为什么呢？

因为数学题的解题思路往往是在逻辑上环环相扣的。前文我提到了信息之间相互必须有联系的桥梁才好回忆，而很多社科人文类的知识是并列的，信息之间没有任何联系，所以我们记得住信息 A 的时候，想不起信息 B 是正常的。读者可以看一下《人性的弱点》这本书中三句话的关键词：捕捉观点、影响、设身处地。它们彼此之间是毫无关联的，所以凭借机械记忆能力去复述会很难。

后来我再遇到此类并列的独立信息时，我就将它们按照符合高效记忆的原则进行加工，例如：捕捉观点、影响、设身处地——捕影设——捕银蛇（高辨识度＋图像联系）。当我做了这个视觉模型之后，这三句话的三个核心字就牢固地刻在我的脑海里了。我再根据这三个字回忆相关的核心概念，组织语言拓展解释然后就可以进行费曼学习法的操作了。

对于解题思路有逻辑关联性的理科类知识，费曼学习法会有很好的学习效果。对于很多社科人文类的知识，费曼学习法的作用非常有限，需要结合一些记忆技巧才能达到比较好的效果。

第四节
费曼学习法的终极奥义：类比法

费曼的讲课非常风趣幽默，他的课堂总是座无虚席。他善于类比，能把复杂的物理学知识类比成生活中简单平常的事情，这个过程好比给复杂的知识在生活中建立了一个回忆的锚点，同时又降低了理解的难度，所以类比也是费曼学习法的一个核心，而不只是以教为学。

费曼的父亲问他："当一个原子从一种状态跃迁到另外一种状态时，会释放一种光粒子叫作光子。这光子是之前就在原子内部，还是一开始就没有光子？"费曼回答："原子里没有光子，是电子跃迁时产生了光子。"父亲继续问："那它是怎么蹦出来的呢？"费曼解释道："我们说话的时候并不是肚子里有一个'词汇袋'，而是说话的时候自然而然产生的声音。"他用人说话时产生词汇类比了光子的产生。

我发现越厉害的讲师越擅长把复杂的抽象知识类比成简单的语言让学生来理解。而满嘴专业术语反而是为了掩盖自己的平庸，因为他们无法把复杂的问题简单化，还增加了学生接受知识的难度。

经过大量的刻意训练，我非常善于将复杂的抽象信息类比成生活中普普通通的事物，而这些普普通通的事物就是我们的长期记忆，它们可以成为我们回忆复杂知识的"回忆桥梁"。

有一天，有一个小朋友问我："我记不住'过分夸大意识的主观能动性'这句话。"我做了一个类比，告诉他："'愚公移山'是不是过分夸大了人的意识的能动性啊？实际上，人是很难移动一座山的。"通过这个类比，这个小朋友很快理解和记住了这句话。

我在告诫那些重视理论、忽视实践的学生时，做了一个类比：理论和规律相对于实践经验就像一个大瀑布，你能明显看到它有几个大的水流分支。你看完瀑布的几个大的水流分支后，就会误认为你学会了、懂了，但是实践起来解决问题就会发现它像暗流。实践经验像暗流一样看不见、摸不着，在地底下有无穷无尽的变化，有无数看不见的小水流。如果没有足够的实践经验，遇到很多要素混合在一起的混沌问题需要解决时，就会一筹莫展。通过这个类比，他们马上就意识到实践经验比理论和规律更重要。我又给他们加了一个比喻：没有实践的理解都是粗浅的。这就好比你认识一个美女，第一次见面只能看到对方的外表，这是一种粗浅的理解；朝夕相处后，你能了解到她的生活习惯、性格、爱好、家庭背景、为人处世、价值观等。只有实践才能让你理解深层次的知识。

有个小朋友问我："喜马拉雅山比地表更高，离太阳更近，为什么喜马拉雅山上这么冷，地面却这么热？"我知道去和小朋友解释对流层或平流层的话，他们是很难理解的，于是我用了类比的方式。我说："这就好比穿衣服，我们的内衣贴近身子，所以比较热，而外衣离人的身体比较远，热量难以传导和保存。"经过这个类比，小朋友更快地理解了这个知识。

经验分享：我们不可能让类比的事物和知识本身百分之百贴近，但我们可以把类比看作辅助理解和记忆的一个桥梁，即使有一些类比和信息本身有差异，但是当我们能利用类比稳定地记住所学的知识之后，可以再辅以真实的理解来强化。这就好比一个人的腿受伤了，我们给他一根拐杖。类比就好比是我们降低陌生知识理解＋记忆难度的一根"拐杖"，这根拐杖只是帮助我们走过一段路程，并不是要永远依赖它。

类比记忆案例：

马斯洛需求层次理论：生理需求、安全需求、社交需求、尊重需求、自我实现需求。

类比记忆思路：我每天吃饭是生理需求（生理需求）。吃饱饭以后，我们去上班，路上要注意交通安全（安全需求）。到单位上班和同事交谈是社交（社交需求），单位的经理经常因工作有瑕疵而批评我，这有点伤自尊心（尊重需求）。每个月我领取工资可以去买自己想要的东西（如：一台笔记本电脑），这是对自我愿望的实现（自我实现需求）。

类比记忆案例：

教案设计的原则：简明性、递进性、完整性、新颖性。

类比记忆思路：教学设计的原则类似我们平时找工作写简历，简历必须很简明（简明性），因为面试官不一定有耐心看你长篇大论。面试官对于我们的提问往往是递进的（递进性），例如，在哪里工作过，工作是否积极，和同事相处是否顺利，为什么辞职等。如果面试成功的话，我们会接受一个完整的（完整性）入职流程，例如，到人力资源部门报到，递交身份、学历证件存档，入职培训若干天等。入职后的自己相对于其他老员工是新的（新颖性）个体，他们会来找你聊天熟络。

类比记忆案例：

公务文件的作用：事务管理作用；行为规范作用；领导和指导作用；宣传教育作用；凭证和依据作用；公务联系作用。

分析：和学校的整体感觉很相似，类比成学校中的生活事件。

类比记忆思路：班主任一般会负责管理班级的各种事务（事务管理作用＝班主任）。学生每天要穿校服上学，这是学校的行为规范（行为规范作用＝校服）。学生们早上起来开晨会听校长演讲（领导和指导作用＝校长）。晨会上校长演讲完会让学习成绩特别好的学霸分享学习经验（宣传教育作用）。学霸会获得奖状（凭证和依据作用）。要到学霸的联系方式之后，就可以向他们讨教学习经验（公务联系作用＝学霸的手机号码）。

类比记忆案例：

简述社会主义建设道路初步探索的经验教训：

必须把马克思主义与中国实际相结合，探索符合中国特点的社会主义建设道路；必须正确认识社会主义社会的主要矛盾和根本任务，集中力量发展生产力；必须从实际出发进行社会主义建设，建设规模和速度要和国力相适应，不能急于求成；必须发展社会主义民主，健全社会主义法治；必须坚持党的民主集中制和集体领导制度，加强执政党建设；必须坚持对外开放，借鉴和吸收人类文明成果建设社会主义，不能关起门来搞建设。

提取关键词：实际结合，主要矛盾、任务，速度适应，健全法制，集体领导，借鉴吸收。

类比记忆思路：家里面装修设计图纸要和实际结合，例如，南方潮湿，地面设计不能是铺瓷砖（容易起水珠），要把瓷砖换成木地板。这就是设计和实际相结合的一种做法（实际结合）。夫妻在装修的问题上会产生矛盾（主要矛盾），意见不统一。经过协商调解后，他们分别去买不同的建材（任务）。运建材的车子速度要和路况相适应，很颠簸的路段不适合加速开（速度适应）。工人使用建材施工需要设立一个奖惩制度（健全法制），否则随意施工会造成浪费和损坏。奖惩工作由施工集体的领导工长来负责（集体领导）。遇到装修过程中比较棘手的难题，工长会推荐多个类似房子工地的施工经验和方案给新装修的夫妻借鉴和吸收（借鉴吸收）。

这个世界上相似的事物很多，一模一样的信息非常少，掌握了类比思维，在有逻辑的材料中，可以非常轻松地达到高效记忆。

第八章

如何记忆数据

CHAPTER8

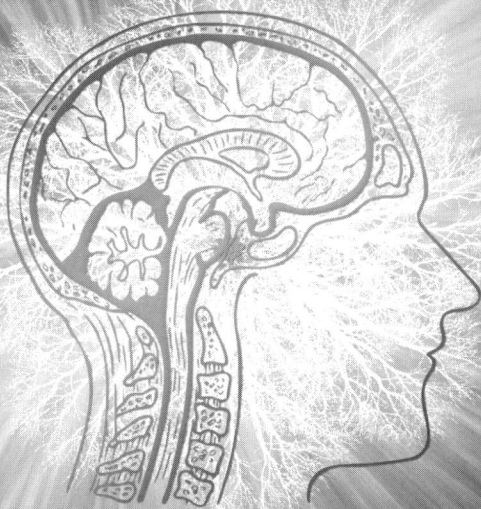

第一节
数字编码系统

信息的重合率越高，越容易记混。数字串信息的重复率就很高，而且非常抽象，所以很难记忆。为了更好地记忆数据，我们必须让数据符合高效记忆的原则。

我编制了符合中国人的数字编码系统，将数字与字母对应：

数字	0	1	2	3	4
声母	D（d）	Y（y）	Z（z）	S（s）	H（h）
依据	象形	1的声母是Y	象形	3的声母是S	象形(倒过来)
数字	5	6	7	8	9
声母	W（w）	G（g）	T（t）	B（b）	Q（q）
依据	5的声母是W	象形（倒过来）	象形	象形	象形

当熟悉这套数字和字母的对应系统之后，就可以将数字串转化成一串字母，从而联想出一些有意义的文字。（根据文字的声母进行转化。）文字的重复率相比于数字降低了，而且更加具象，容易记忆。例如：

数字	67	95	86	123
字母	gt	qw	bg	yzs
转化	骨头	青蛙	饼干	椅子上→坐垫
数字	546	452	968	786
字母	whg	hwz	qgb	tbg
转化	无花果	厚袜子	缺胳膊→杨过	特别高→高跷

在历史知识记忆中，通常包括许多的年份，这就是数字信息。此时，我们就可以通过这种方式把年份转化成具象的文字信息，与历史事件联结起来记忆。

记忆实践案例：

历史事件	数字转化	记忆思路
隋朝大运河始建于公元 605 年	605=gdw= 过端午 →龙舟	大运河边上有很多水草("隋朝"谐音"水草")。运河上有很多龙舟在比赛。
公元前 356 年，商鞅变法	356=swg= 水温高 →热水壶	热水壶在自己的前方（公元前）。热水壶的上方有阳光照射（上阳＝商鞅）。
1777 年，萨拉托加大捷	1777=yttt= 阳台陶土→阳台上的花盆（有陶瓷、有土）	阳台上的花盆洒好水啦（萨拉＝洒水啦），拖家人大姐（托加大捷＝拖家人大姐）来赏花。
公元前 317 年，东晋建立	317=syt= 收银台	收银台的东边进（东晋＝东进）来很多顾客。

第二节
随机应变记数据

———————

在实际学习中，数据并不一定要用固定的图像编码去记忆，我会灵活地使用很多不同的策略去记忆数据。可是对于新手来说，随机应变去构建符合记忆原则的联想太难了，所以新手可以先适应用固定的数字编码、谐音去记忆一些数据。

记忆内容	数字转化	记忆思路
马克思出生于 1818 年 5 月 5 日	18= 腰包，55= 呜呜	马克思的经济状况不是很好，腰包没钱，没钱的人生值得呜呜大哭一场。
1864 年，太平天国运动失败	18= 腰包，6= 气流，4= 四方形	以太平天国的字作为回忆索引。太太腰包管钱，天上有气流，国字的外边是四方形。

记忆内容	数字转化	记忆思路
公元前 207 年，刘邦率军攻入咸阳，秦朝灭亡	207＝挨你弃	食物如果很咸（咸阳），就会挨你弃。其他信息很熟悉不做图像化处理。
帷幕灌浆段长度宜采用 5~6 米，加长不得大于 10 米	5、6、10＝物流室	物流室很多人围着搬木头（围着搬木头＝帷幕）。
塑性混凝土应在浇筑完毕后 6~18 小时，开始养护	6~18＝留一把	快速结婚（塑性混凝土＝塑混＝速婚）时，朋友来留一把喜糖。

经验分享：当你的发散思维能力非常强大时，你很容易从信息内部找到符合逻辑关系的关联来记住信息。

第三节
数字桩定位系统

我们可以通过数字编码的方法，构建大型数字编码系统作为记忆桩子。例如：数字 1~1000 甚至 1~10000 都可以通过数字编码方法转化成图像，这些图像可以用来作为记忆的桩子，这是一个庞大的回忆索引系统。

记忆实践案例：

教学八原则：科学性和思想性相统一原则；理论联系实际原则；直观性原则；启发性原则；循序渐进原则；巩固性原则；发展性原则；因材施教原则。

假设随机使用一个数字桩来记忆这道题：437＝hst＝红薯条。

信息压缩整理：科思统、理联实、直启、渐进、巩发、因

记忆桩子：红薯条

记忆联想画面：在肯德基吃红薯条，渴死了，买了一桶可乐喝（科思统＝渴死统）。吃完红薯条去厕所洗手，把脸放在水槽里面洗，脸湿湿的（理联实＝里脸湿）。接下来去找自己的电动车骑去上班（直启＝自己骑的电动车）。开车吹风颈肩受凉（渐进＝颈肩）。车突然开不动了，弓着背观察车子，发现有个硬石头卡住了车轮子（巩发、因＝弓发硬）。

在脑海中想象这个电影片段，并尝试回忆，然后可以拿一些简短的材料自我训练。

记忆实践案例：

控制活动：授权、业绩评价、信息处理、实务控制、职责分离

使用一个数字桩来记忆这道题：296=zqg= 蒸汽锅。

信息压缩：授权、绩评、信处、务控、职分

记忆桩子：蒸汽锅

记忆联想画面：煮食物时，我们会控制蒸汽锅的把手活动（控制活动），手握着把手形成一个拳头（授权＝手拳），往蒸汽锅里的食物中倒入几瓶调味料（绩评＝几瓶）。调味料中有新打开的醋瓶子（信处＝新醋），五指打开瓶孔（务控＝五孔）把醋倒在食物表面。撒完调料手指上粘上粉末（职分＝手指粉末）。

数字桩只是记忆桩子的一种，实际学习中我们还要随机应变。万事万物都可作为桩子来记忆信息。

英语单词记忆

CHAPTER 9

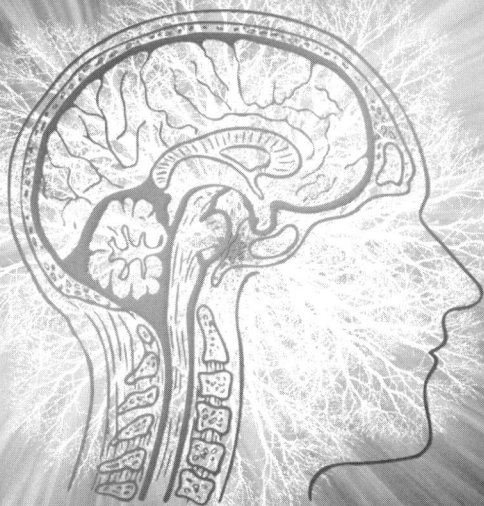

第一节
关于高效记忆单词

————

背单词是语言学习中逃不过的一关。市面上有很多专门讲述如何记单词的书籍，网络上也有各式各样的巧记方法，其中比较有名的有词根词缀法、编故事法等。但无论怎样的技巧，其本质都是联想，把抽象的信息转化成具象的信息，以熟记新，使单词符合高效记忆的原则。

死记硬背时，随着背诵的量增多，复习的压力急剧增大，往往背了后面忘了前面。而使用联想的方法，你记住的单词越多，你越容易记住新的单词。这是联想记忆法的"马太效应"。

例如：我记住了小单词 phone 是"电话"，又记住了词根 tele- 表示"远"，那么 telephone 就是"打向远处的电话"。

我们还可以把单词拆分成小块，通过谐音把这些小块转化成具象的事物，并编出故事来记忆。

例如：

单词	拆分	联想
held 拿住	和（he）尚、朗读（ld）	和尚拿着经书朗读。
fold 折叠	佛（fo）、朗读（ld）	对着佛朗读佛经，读完一页折叠好，再读下一页。

不同单词之间的联想拆分小版块是可以通用的。我记忆单词的过程就是：不断套用以前记忆过的单词里拆分出来的小组块。

通过联想的方法来记英语单词，相比于死记硬背，可以将记忆效率提高几十倍。何乐而不为呢？

第二节
单词记忆策略

使用联想技巧记忆单词之前，更重要的工作是整理。记忆信息无非是记忆组块和组块的顺序，如果我们提前做一个整理工作，或者找到别人已经整理好的结果，再去记忆的时候，就可以最大化降低记忆压力。

例如，想必大家对 love 这个单词很熟悉了，它可以拆分为 l 和 ove 两个部分。在英语中还有许多单词同样包含 ove，那么我们就可以将单词中除 ove 以外的部分与单词的意思结合起来记忆，这样就大幅减少了记忆的量。

单词	共同点	差异点	联想
love 爱	ove	l	—
drove（drive 驾驶的过去式）		dr	驾驶最难的是倒入（dr）车库。
stove（火炉）		st	伸头（st）烤火炉取暖。
move（移动）		m	M 像齿，木工干活时，机器的齿不断移动和旋转，切割木材。
prove（证明）		pr	拿出很多奖状给旁人（pr）看，证明自己的实力。

经验分享：如果希望记忆单词的效率变高，一定要制作出符合高效记忆原则的联想，不管你是用词根、词缀还是拼音首字母缩写或者发音编码（例如：phy 发"飞"音，编码成飞人或者飞的动作）。如果你希望更高效率地记忆单词，你还要把那些具有共同组块的单词整理好，一起记忆，这样可以大幅减少记忆负担，再记忆那些不具备共同组块的单词。

综上所述，我记忆单词的技巧可以归纳为以下四点：

一、对单词进行整理（分别整理成有共同组块的共性单词和个性单词）。

二、先记忆共性单词（有共同组块的单词），再记忆个性单词。

三、按照分块 + 组合的记忆原则对单词进行联想（构建符合高效记忆原则的联系）。

四、制作单词复习卡（不定期回忆提取单词，不断提高回忆速度和成功率。通过间隔重复，让单词进入长期记忆）。

使用我的记忆策略，我的学生（天赋较高者）可以在几个小时内记忆 300 个单词，远胜过机械重复的记忆方法。

记忆实践案例：

单词	共同点	差异点	联想
base 基础		b	好的老爸（ba）是混社（se）会的基础。
disease 疾病		dise	地（di）上的蛇（se）咬人，人中毒进医院，生病了。
ease 减轻		e	饿（e）了难受，吃点食物减轻症状。
suitcase 小提箱	ase	suitc	工人随（sui）身的小提箱可以掏出（tc）各种工具。
tease 取笑		te	长相特（te）别丑，容易被取笑。
vase 花瓶		v	V 形状的花瓶。
purchase 购买		purch	商铺（pu）里的富豪（rch 近似 rich 富有的）购买了一大堆商品。

经验分享：在制作记忆联想时，尽可能让你制作的联想符合长期记忆中的认知，这样的话，我们回忆的时候，就会有一种回忆的惯性。若制作的联想的关系是稀奇古怪的，即使当时记住了，也忘得很快。

记忆实践案例：

单词	共同点	差异点	联想
abundant 大量		abund	在一个（a）部（bu）队里，大量士兵拿刀（nd）当武器。
applicant 申请人	ant	applic	买苹果（Appl 看作 apple 苹果）手机，用 IC 卡（ic）付账，苹果手机需要申请人的账号才能下载软件。

单词	共同点	差异点	联想
brilliant 巧妙的	ant	brilli	两个 i 重复，只记忆前面的 brill。病人（br）生病（ill），医生妙手回春，救好了。
chant 呼喊		ch	对着窗户（ch）大声呼喊。
merchant 商人		merch	卖米（me 的发音是"米"）成为富有的（rch 近似 rich 富有的）商人。
distant 遥远的		dist	地（di）上的石头（st）被我踢飞到远处。
plant 种植		pl	种植的植物排列（pl）成一排。
elephant 大象		eleph	大象饿（e）了（le），破坏（ph）农作物。

记忆共性单词就分享到这里。用这一方法记忆单词的难度不会很大，如果能借鉴他人整理好的共性单词，更可以减少记忆的工作量。

实际学习过程中，很多单词不具备共性组块，或者共性组块涉及的单词很少，我们把这类单词看成个性单词。一般我优先记忆共性单词，再记忆个性单词。记忆个性单词使用的技巧和共性单词一样。

所有单词，都能按照分块＋联想组合这个固定的套路来记忆。

记忆实操举例：

单词	分块	联想
Luxury 奢侈	陆续（luxu）、羽绒（ry）衣	奢侈品店陆续有人进来，买走了奢华的羽绒衣（上面有很多挂饰）。
primary 首要的	pri 词根"优先"，mary 看作 marry 结婚	决定优先结婚的对象首要的是看对方家庭条件。
resist 抵抗的	热死（resi）、身体（st）	感觉热死了，身体难受，别人让我离开空调房，我会强烈抵抗。
pollute 弄脏	婆婆（po）、拐杖（1，象形）、路（lu）边、特（te）别	婆婆的拐杖掉到路边特 te 别脏的地方弄脏了。

单词	分块	联想
remote 遥远的	热（re）锅、摸（mo）、特（te）别	热锅很烫一摸就特别疼。
strain 拉紧	身体（st）、雨（rain）	下雨天共遮一把伞，两个人的身体互相拉紧对方，以免被雨淋。
debate 争论	得（de）到、爸爸（ba）、特（te）别	小明回家得到爸爸特别多差评，他要和他争论一番。
gun 枪	滚（gun）动	左轮手枪扣枪的时候，子弹槽会滚动。
market 市场	大妈（ma）、入口（rk）、儿童（et）	联想组合：市场每天会有一些大妈大婶从入口进去，还牵着儿et童一起买菜。

第十章

十年总结的科学记忆观

HAPTER10

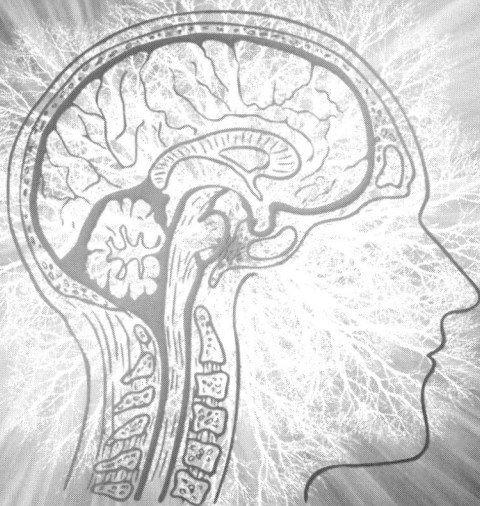

以下内容对本书中的记忆观做一个综合的总结，以便于读者梳理自己的认知。

1. 人的记忆是一个联动体（学习和记忆就像灯芯缠绕在一起，你中有我，我中有你）。

把机器学习强行搬到人脑学习中的做法，误导性比较强。因为机器学习中比较常见的做法就是把记忆和学习进行分割，而人脑的学习和记忆是不能分割的，并不是我们给了人鸟的思想，人就能飞，必须结合人脑的客观实际进行学习活动。

人脑的学习为什么无法和记忆强行分割呢？因为人在学习时，人的记忆和意识、思考活动捆绑，不同的人有不同的记忆储备，在同样的情况下，人会结合自己的记忆储备产生不同的意识和思考活动，因此我们常说，同一个老师往往会教出对同一个知识理解完全不同的学生，而正是人脑的记忆和意识、思考捆绑的特性，导致了人类世界的受教育者在接受教育后，能够百花齐放，朝着不同的方向演变。

当我告诉你"减肥"这个词时，你会把"减肥"和你能想到的所有相关的记忆碎片进行联系，产生思考活动，比如：你会想到运动减肥、失恋时瘦了很多、饮食减肥、手术抽脂、小时候胖被同学笑、某明星通过运动减掉 60 斤变成男神等记忆，和当下的信息结合进行思考。

哲学上对于理解的总结：理解事物时，须运用过去已有的知识经验，或在已有的知识经验基础上，掌握新的知识经验。过去知识经验的有无或多少，对理解能否顺利地进行，有着重要的影响。词与直观形象的结合，在理解中有着重要的作用。在某些情况下，词的说明可能还不足以使人完全理解，必须借助直观形象。直观形象不仅有助于说明所要理解的客体，而且有助于把握其本质。

人的理解本质上是运用记忆和当下知识联系结合的一个过程，我们可以这么理解：理解和记忆是一个捆绑体，如果没有记忆参与，人很难理解新知识。这也是人工智能和人脑学习的核心差别，人脑的理解是记忆参与的共同体，而机器学习的本质不是一个理解过程，而是一个归纳统计然后总结规律的过程。当人获得一个知识时，他可以结合这个知识有关的记忆碎片进行联动理解，而这种能力人工智能并不具备。而机器又具备人脑没有的、强大的再现记忆能力（再现输入的海量信息）。物理学家费曼说：连续给机器输入5万个数字，机器可以马上一字不差地全部记住，还能进行统计归纳。人脑甚至记不住十几个数字，而且会快速地遗忘和出现记忆混乱。

机器学习是大数据学习，通过数据进行拟合找出规律。而人类的学习是启发式的。人脑天生就会分析事物的不同，天生就会连连看（把知识联系起来理解和迁移应用）。你要告诉机器什么是猫，可能要训练上千张猫的图片，而你想教会一个小孩子判别什么是猫，先教会他一些简单判断猫的方法，再用几张简单图片作为例子帮助他理解，再加少量的实践就够了，这一点机器是做不到的。

机器不具备人脑结合记忆进行弹性思考的能力（当我们使用人工智能语音翻译的时候，人一点点的读音偏差，机器就会识别成错别字，而人脑即便接受到的发音偏差很大，很多时候都能猜测出来意思。例如：前文提到的我的郑州之旅。一个大叔借给我电动车时一直问："中不中？"我听不懂，还以为他是问我腿肿不肿，但根据他一直指不同的车子，我就猜出来那是问车子行不行的意思）。人脑会动态关联其他记忆进行弹性思考，而机器只是机械式地被动存储，是静态的记忆。

我们可以这么比喻，由于人脑和机器记忆本质的不同，人脑学习是以小博大，机器是以大搏小。

机器学习的思路和认知心理学的研究思路截然相反，例如：人刷题是要找出自己没有掌握的薄弱环节，不关心所谓的过拟合和欠拟合的说法，而是要看出错题背后考察的知识点是什么。这是人类独有的猜测分析能力，不需要大样本、大数据以及大量训练。

机器学习通常是在特定的条件下，通过总结出某种规律，然后按照规律去解决特定条件下的目标任务，一旦不符合特定条件，任务就容易出错。例如："目的"是去医院。"机器"分析不同的交通工具和路线，为你选择最快的方案。而"人脑"结合已有的记忆进行发散思维思考：这是小问题，可能不需要去医院？我朋友在医院工作，打电话让他帮我带点药，顺便咨询一下病情？楼下药房配点药能不能解决？能否通过在网上付费咨询了解病情？

人在社会生活中，遇到的问题往往很复杂。人类需要记住各种要素，进行综合思考（随机应变），而机器在特定框架内分析和解决问题。人脑往往能跳出框架来想到完全不同的解决方案，机器的优势是从成千上万条数据中判断哪条更好。

我们读书的时候遇到的问题都是有特定答案的，但是当我们走出校门后就会发现：我们遇到的问题没有标准答案。例如：买了 A 房子比较安静，但上班比较远；买了 B 房子上班方便，但周围环境很吵闹。不同的选择会导致不同的后果，还会受到各种突发因素的影响，需要考虑的要素非常多。当我们总想着靠单一规律去思考和解决问题时，在人类生活的复杂环境中，就会陷入误区。

我做过一段时间销售，前辈教我的一个销售方法：向顾客说一些购买者的成功案例，来刺激顾客消费。这个方法在一段时间内屡试不爽，但某一天我遇到的一个疑心病很重的顾客，这个时候我就不能盲目套用讲成功案例给顾客听这个销售方法了。我选择先让他体验真实的产品，而不选择夸自己的产品有多好，因为自夸都会激起这类顾客的戒备心，最后我成功销售了产品。人不是只会套用规律的机器，会结合更多要素综合思考。做什么事情都盲目套用某一种单一方法的人容易碰壁。

记忆能力强的人，会有更多的记忆资源来帮助他们思考问题，所以好的记忆能力是一个人智慧的源泉。

2. 理解式记忆，再现式记忆，实践隐藏的记忆（学习要结合记忆）。

本书中我一再强调，大多数人对于记忆的最大误解就是认为理解是记忆的关键。理解会产生理解相关的记忆，但是当我们只具备理解的记忆时，我们不一定能够实现再现式的记忆（将信息复述出来）。再现式的记忆需要符合再现记忆的高效记忆原则。还有很多记忆是通过隐藏在操作关系中的实践练习才能积累的，而隐藏在实践中的记忆往往又是我们总结的理论、技巧和规律难以覆盖的，比如：我教张三要多和女生情感互动才会产生感情。张三花了很多心思和女生产生互动后发现效果不佳，因为这个女生是事业型的。后来，张三选择表现出自己的责任心和上进心，这些对于追求这个特定的女生更关键。他在实践过程中获得新的记忆经验去调整自己的行为。很多智慧只有当事人去亲身经历某件事才能获得，无法仅凭语言传授。

理解相关的记忆编码、再现相关的记忆编码、实践相关的记忆编码三者结合，一个人才能真正拥有把知识应用出去的能力。很多人的知识构成大部分都是惰性知识，只能作为聊天时的谈资，无法解决实际生活中遇到的各种问题，原因就是三种记忆编码中某个部分的缺失或者知识本身没有深度（浅层次认知类知识）。

3. 人的记忆是波动状态的，而机器的记忆是固定的。

我们的记忆会随着时间发生变化，并不是固定的。很多明明记得很熟悉的信息，也可能会突然想不起来；很多想不起来的信息，有一点提示就突然又能想起来。

基于我们的记忆是动态波动的，我们必须反复复习来稳固对自己有价值的记忆，同时建立多一些联系，这样当我们想不起来信息时，会有更多回忆的线索提示我们回想起来。

本书中我提到过，我第一天教学生的内容，第二天提问时大多数人不是忘记了，就是回答得偏离了正确答案，这是人脑的特性，学习的知识过一段时间后就会模糊和遗忘。基于这个特性，如果我们盲目认为认知理解、找到规律、总结知识框架是学习的核心，那学习效果一定不佳，所以必须针对人脑特性多做输出，强化记忆效果来支撑学习效果。

4. 人脑的学习是分阶段的，先记住单个的元素，然后进入关系的学习。

人类的学习最先是从记住一个个零散的元素开始的，比如：先记住"我""爱""你"，再记住"我爱你"这三个字组合在一起的意思，通过记住关系来学习是学习的下一个层次。人类的学习实际上是分阶段的，并不是一蹴而就的，我们学习的各种规律本质上是一种关系的记忆。数学题的解题思路就是一种常见的关系记忆，理解知识的含义也是一种关系的记忆储备。很多人发现对于关系的记忆的重要性后，会盲目批判学习初期记忆各种元素的阶段，这就像一个人从穷困到发迹之后，开始变得忘本了。如果读者希望做一个好的老师，一定要了解你的学生所处的阶段，是元素的记忆都没掌握好，还是对于关系的记忆和认知、理解不够。

5. 人的学习依赖记忆。

很多我们认为的高效能学习方法其实是低效用的，例如：书中前文提到的反复阅读、标记重点、总结知识框架等。实验显示，主动回忆是高效能的学习方法。

放下那些科学课本，试着从记忆中回忆信息。练习记忆提取远比精细学习更有助于学习科学。

6. 人的遗忘对于学习的作用是双重的。

人的遗忘帮助人们忘掉错误的知识，记住正确的知识，从这个层面遗忘对于学习具有促进作用；而遗忘的另一面就是极大地减弱人们学习的速度，同一个知识反复记忆，又反复地遗忘，只有靠消耗更多的精力和时间去重复强化，才能最终获得好的学习效果。记忆能力好的人通常更容易在应试教育中脱颖而出。

7. 人的记忆提取是一个强度问题。

人的记忆提取强度会因为储存记忆时的编码形式不同而受到影响，例如：我们将抽象信息转化成视觉画面的记忆编码储存在大脑里，提取的时候难度系数就会低很多，各种增加用脑量的行为也可以增加提取强度。此外，提取强度的提升取决于复习的频率和次数。

8. 人的记忆提取强度在产生一定遗忘之后，再去强化能获得更大的提升。

遗忘本身就是促进记忆的一种手段，所以我们可以不断拉长复习一个信息的时间，先产生一点遗忘，再费力地想起，这样对于提取强度的提升比当下连续复习要有效得多。

9. 人的记忆在输入、输出端对学习都具有很大的作用。

人的学习在输入端，如果没有对前置知识的理解和记忆储备，会对后续知识的理解和记忆产生影响，所以记忆对于输入端的学习是很重要的。而在输出应用端，如果我们缺乏某些必须依赖的工具型知识的记忆储备，我们的输出也会受到限制。简单来说就是应用的时候需要利用的知识在脑海里一片空白而导致应用失败。

10. 人的记忆是一个联系的过程，人脑具有创造加工、加速记忆的能力。

我们的长期记忆好比一张渔网，渔网上每一个节点储存着长期记忆，如果我们能够把新的知识或信息和这张渔网上的一个节点通过联系结合在一起，就能够大幅度提升我们对于新记忆的再现能力。例如：记忆一句话：法的创制和适用主体。我想到了自己喂猫和喂狗的过程，这是我的长期记忆。猫粮和狗粮的适用主体不同。喂狗时，狗护食咬伤了靠近的猫。猫身上有创口需要治疗（创治＝创制）。我只需要回顾自己的长期记忆就快速记住了新的信息。

11. 人的大脑通过联系来强化，记忆的中间过程会随着记忆强度的增加而消失或者淡化。

许多人说：中国人学习英语不要想中文环节，但是实际上以中文为母语的人很难做到这点。当人学习新知识时，大多数人都会下意识找一些中间媒介来帮助自己快速地记住，但是当反复复习这个新知识时，这个媒介会慢慢消失或者淡化，所以我们学习英语时想不想中文环节并不是那么重要，人脑的记忆和机器不一样。

12. 人的泛化能力和记忆能力息息相关。

我的一个学生在掌握记忆技巧和规律之后，依然无法做到把水杯和要记忆的抽象词（"言雅"和"公诚"）通过联想有逻辑性地关联起来，于是我告诉他：工人身上很脏，有灰尘（工尘＝公诚），跑去用水杯喝水，通过牙齿后吞咽（咽牙＝言雅）。如果说记忆技巧应用到所有文字的记忆过程中是一个泛化过程的话，那么这种泛化能力本质上和当事人训练过程中积累的记忆储备有很大的关系。因为如果没有一定的记忆储备，凭借规律和技巧去思考，速度是非常缓慢的，即使最终想出来，也太慢了（泛化能力弱），而我没有经过多少思考就快速想到了这个联想，是因为我把脑海中储备的发音结合的可能性调用出来应用，再加入一些思考活动调节一下。

13. 一项工作涉及的变量越大，越依赖长期记忆的组块来形成强的工作能力。

由于我们的工作记忆能力非常有限，所以如果我们希望增强工作能力，就必须积累和工作有关的长期记忆组块。

14. 人脑思考系统决策和记忆系统混合作用才能有好的能力。

人的知识组合后涉及的变化总量很大，在这种情况下，单纯只总结规律、掌握规律、理解知识的底层逻辑，没有办法形成解决问题的能力，因为解决问题的过程只依赖思考系统做决策，会很慢且易错。

15. 大量重复才能获得足够的记忆强度，支撑学习效果。

人必须经历一定量的失败和调整才能学好，所有技术的速成法从人脑特性上来说都是不合理的。

重复是记忆之母，人的记忆形成依赖不断地间隔重复，直到形成储存记忆的稳定的神经回路。

16.人通过学习的过程获得各种经验，学习是指学习者因经验而引起的行为、努力和心理倾向的比较持久的变化。

不同的记忆会影响人后续的行为，基于这一点，我们要让自己拥有增强自己学习动力的记忆（做事情的成功记忆），可以多对自己进行积极的心理暗示，或赋予自己学习任务的正面价值，例如：当我们教一个人扫地可以消耗多少卡路里时，也许一个懒人会更愿意去扫地。

17.人的行为习惯和思维习惯本质上也是一种长期记忆。

用习惯去形成能力才能对要解决的各种问题有掌控感，反之希望只通过认知理解事物来改变命运是很难的，当我们把做某件事或者解决某类问题变成行为习惯之后，我们对这件事的掌控感就会越来越强，而如果我们很渴望通过认知一个东西就逆天改命，就变会处处碰壁，从而失去了对生活和学习的掌控感。任何问题和事情的解决都不可能很简单和轻松，都要靠漫长的学习和练习。用行为习惯让自己拥有强大的能力才是王道。

后 记

对于希望学习记忆术、改变学习能力，然后大幅度提高学习收益的读者，我写下一段我多年来总结的心法分享给大家。

分享之前，我问读者一个问题：你到底是要解决一个问题？还是要获得解决问题的能力？

从小到大，一个个发生在你们身上的不好的结果和问题，都可能鞭打过你的心灵。比如：上班要迟到了，然后飙车，最后发生车祸，怒火中烧对着路边的垃圾桶一顿踢打；数学不及格，被父母指责不如小明，事后一遍遍地在心里重新演绎这个耻辱的经过；悄悄努力很久后发现自己的成绩还是不如张三，在心里自我贬低，给自己贴负面标签；创业失败，负债累累后选择躺平，打开各种视频网站看他人的失败找心理平衡；追求异性被拒绝后，长时间地自暴自弃，拒绝结识新的异性，重复着说着消极的想法；工作不顺利时，每次都把问题怪在自己当年没考上一所好的重点大学上；等等。

你们的记忆训练不可避免地会像你曾经不顺利的人生一样，会遇到无数的困难和挫折，每一个微小的问题、困难都有可能打倒你，放下必须快速、完美地解决一个问题的执念吧！许多问题的解决不只是一个人的问题，是人与人互相配合的问题，或者问题的解决需要漫长的时间和刻苦的训练，只有能力提升到一定水平才能解决，无法一蹴而就。也有些问题的解决需要个人耗费很长的时间领悟，直到他能捅破一层"思维认知上的窗户纸"。这种顿悟也不能一蹴而就。

人的学习是有一个不可逾越的障碍存在的（学习过的东西会不断遗忘，需要反反复复锤炼才能形成稳定的记忆和能力），不以人的意志为转移，成长时间、外力帮助引导、自我探索、实践验证、多维度切换视角、独立思考等要素都不可缺，多个要素共同作用下才有可能最终达成目的，如果没有一个客观看待问题的好心态，是难以成为记忆大师的。

生活中同样的问题总会周而复始再次出现在你面前，比如女朋友乱花钱导致债务危机引起吵架。意识不到这个问题的人会过分重视过分关注暂时结果的好坏，然后不断被没解决的问题牵动情绪，就像牛被人牵着鼻子走一样，不断陷入这个糟糕的轮回。

我们必须意识到问题要得到真正意义上的解决，这是一个人不断改变自身和外界的过程，即使同样的问题不断地出现，当你已经通过大量改变自己的过程形成了稳定且快速解决问题的能力，即使问题永远还在朝你走来，重复的问题还不断地涌现，但你总是可以轻松地应对它们，这时候问题的存在就不会对你再造成心灵上的困扰了。

我们永远在解决问题的过程中，何必马上完美地解决什么问题呢？如果一个问题是需要别人配合才能完成的，那么即使你尽了最大的努力，1×0还是等于0，问题解决不了不一定是你的问题，又何必庸人自扰呢？不必执着，心里想着：把解决问题的认知之种播在对方心里，等有一天对方自己想明白了，让对方自己去成长或者领悟吧！如果对方领悟不到，那就是佛度有缘人。

我们身上的矛盾和痛苦大都和一件事有关——主观的认知和客观世界的存在不相符，这种不符导致我们的行为和思想总是和现实对不上。事与愿违多了后，我们对周围的事物渐渐失去了掌控感，对自己也失去了信心，而客观看待问题就是我们打开智慧之门的钥匙。

总是关注某个不好的结果会很累。把问题看成人生过程里的渐变状态才更合理。

关注失败和他人的评价会带来痛苦和负能量，会让我们自我攻击、不断内耗，还会降低我们的行为动机和执行能力，而越伟大的成就往往越需要漫长的积累作为基石，关注失败和外界的评价注定是获得伟大成就最大的绊脚石。

关注自己一个个微小的进步和解决问题能力的提升，才能得到真正心灵上的解脱。给自己准备一个进步本，记录下你进步、成长的点点滴滴和获得的一个个小成就，让你的人生进入正反馈循环吧！